BestMasters

Leroy Großmann

Modellverstehen und Modellieren an einer Blackbox

Eine Videoanalyse aus der biologiedidaktischen Forschung

Leroy Großmann
Berlin, Deutschland

ISSN 2625-3577   ISSN 2625-3615   (electronic)
BestMasters
ISBN 978-3-658-25281-6   ISBN 978-3-658-25282-3   (eBook)
https://doi.org/10.1007/978-3-658-25282-3

Die Deutsche Nationalbibliothek verzeichnet diese Publikation in der Deutschen National-
bibliografie; detaillierte bibliografische Daten sind im Internet über http://dnb.d-nb.de abrufbar.

Springer Spektrum ist ein Imprint der eingetragenen Gesellschaft Springer Fachmedien
Wiesbaden GmbH und ist ein Teil von Springer Nature
Die Anschrift der Gesellschaft ist: Abraham-Lincoln-Str. 46, 65189 Wiesbaden, Germany

Danksagung

Ich danke Dr. Moritz Krell für die intensive Betreuung dieser Arbeit und besonders für seine Offenheit und Bereitschaft, die von ihm erhobenen Daten in der mir eigenen Art und Weise auswerten und darstellen zu können. Die Freude, die sich im Laufe des halben Jahres an der Auseinandersetzung mit Modellen aus wissenschaftstheoretischer und fachdidaktischer Perspektive entwickelt hat, rührt maßgeblich von den äußerst hilfreichen und bereichernden Diskussionen her, in denen er mir als unverzichtbarer Wegweiser im Dickicht der internationalen Publikationen diente – selbst vom Ende der Welt her. Dafür danke ich ihm ganz herzlich.

Besonderer Dank gilt Prof. Dr. Dirk Krüger, dem ich in jeder Hinsicht für sein keineswegs gewöhnliches Zutrauen in meine Fähigkeiten danke und ohne den ich diese Arbeit nicht hätte schreiben können. Die innovative Anregung, die Bedeutungen von Theorien auf Modellierungsprozesse zu übertragen, geht auf ihn zurück. Sowohl meine Fertigkeiten im wissenschaftlichen Arbeiten als auch meine Fähigkeiten für die schulische Unterrichtstätigkeit habe ich zuvörderst bei ihm ausbilden können – dafür danke ich ihm in ganz besonderer Weise.

Inhaltsverzeichnis

1   Einleitung 1

2   Theoretischer Rahmen 5
    2.1. Doppelte Perspektivität des Modell-Begriffs 5
    2.2. Modellkompetenz als Teil der professionellen Kompetenzen von Lehrkräften 8

3   Fragestellungen und Hypothesen 23
    3.1. Fragestellung 1: Modellverstehen 23
    3.2. Fragestellung 2: Modellieren 23
    3.3. Fragestellung 3: Zusammenhang von Modellverstehen und Modellieren 24

4   Design und Methodik 27
    4.1. Stichprobe 29
    4.2. Fragestellung 1: Modellverstehen 30
    4.3. Fragestellung 2: Modellieren 31
    4.4. Fragestellung 3: Zusammenhang von Modellverstehen und Modellieren 34

5   Ergebnisse 37
    5.1. Fragestellung 1: Modellverstehen 37
    5.2. Fragestellung 2: Modellieren 39
    5.3. Fragestellung 3: Zusammenhang von Modellverstehen und Modellieren 60

6   Diskussion 71
    6.1. Betrachtung der Ergebnisse 71
    6.2. Methodenkritik 74

7   Schlussbetrachtung 79
    7.1. Fazit 79
    7.2. Desiderate 79

Literaturverzeichnis 83

Anhang 93

Abbildungsverzeichnis

Abb.1 Urteil über das Modellsein...5

Abb.2 Modell professioneller Kompetenzen von Lehrkräften 8

Abb.3 Prozessschema naturwissenschaftlicher Erkenntnisgewinnung durch Modellieren.........17

Abb.4 Blackbox..28

Abb.5 Anwendung des Urteils über das Modellsein auf die Blackbox-Untersuchung 29

Abb.6a Finales Modell von P1 42

Abb.6b Finales Modell von P2..46

Abb.6c Finales Modell von P3..50

Abb.6d Finales Modell von P4..54

Abb.6e Finales Modell von P5..57

Abb.6f Finales Modell von P6 60

Abb.7a Codeline von P1 43

Abb.7b Codeline von P2...47

Abb.7c Codeline von P3...51

Abb.7d Codeline von P4...55

Abb.7e Codeline von P5...58

Abb.7f Codeline von P6...61

Abb.8a Anwendung des Prozessschemas auf P1 62

Abb.8b Anwendung des Prozessschemas auf P2...64

Abb.8c Anwendung des Prozessschemas auf P3 66

Abb.8d Anwendung des Prozessschemas auf P4...68

Abb.8e Anwendung des Prozessschemas auf P5 70

Abb.8f Anwendung des Prozessschemas auf P6..72

Tabellenverzeichnis

Tab.1 Kompetenzmodell der Modellkompetenz 10

Tab.2 Modellbezogene Bildungsstandards und Standards im Berliner Rahmenlehrplan..............14

Tab.3 Typologie von Modellierungsstrategien...21

Tab.4 Verhalten der Blackbox...29

Tab.5 Beschreibung der Stichprobe 31

Tab.6 Übersicht über die Kompetenzniveaus der Probanden 39

Zusammenfassung

Modellkompetenz als Teil der professionellen Kompetenzen von Lehrkräften naturwissenschaftlicher Fächer umfasst eine metakognitive Dimension (Modellverstehen) und eine performative Dimension (Modellieren). Während in jüngerer Zeit insbesondere in der biologiedidaktischen Forschung eine Vielzahl quantitativer Untersuchungen zum Modellverstehen durchgeführt wurde und damit das Kompetenzmodell der Modellkompetenz empirisch überprüft wurde, gibt es für das Modellieren als praktische Tätigkeit bislang noch kein ausdifferenziertes Kompetenzmodell. Im Rahmen der vorliegenden Masterarbeit wurde mittels einer typenbildenden qualitativen Inhaltsanalyse eine Typologie von Modellierungsstrategien entwickelt. Dies geschah auf der Basis von videographierten Untersuchungen einer Blackbox, deren inneren Mechanismus angehende Biologielehrkräfte (n=6) zeichnerisch modellieren sollten. Überblicksartig werden die Vorgehensweisen der Probanden dargestellt und auf die theoretisch fundierte Typologie angewendet. Zudem wird diskutiert, inwieweit von einem unmittelbaren Zusammenhang zwischen einem elaborierten Modellverstehen und einer epistemologischen Vorgehensweise beim Modellieren auszugehen ist. Die Bedeutung des Modellierens als praktische Tätigkeit für die professionellen Kompetenzen von Lehrkräften und damit für den schulischen Biologieunterricht wird abschließend betont.

Abstract

Model competence is a part of science teachers' professional competencies. It consists of two dimensions: Firstly, meta-modelling knowledge as theoretical knowledge about models and modelling processes, and secondly, modelling skills in terms of practical skills in creating and using models. Over the last years, meta-modelling knowledge has been investigated in numerous studies, particularly in the field of teaching and learning biology. Whereras a model of model competence has been investigated in numerous studies, no research has yet developped a model that describes competencies and strategies in modelling processes. In this study, a typologizing qualitative content analysis has been used to develop a typology of modelling strategies. Therefore, pre-service biology teachers (n=6) have been asked to investigate a black box and to graphically develop a model of the inner system of the black box. These investigations were videotaped. The different modes of investigation are being described and assigned to the four proposed modelling strategies. Moreover, it is discussed in how far there might be a connection between meta-modelling knowledge and modelling skills. Finally, the relevance of adressing modelling processes in teachers training as well as in biology classes at school is pointed out.

1 Einleitung

Der sogenannte PISA-Schock aus dem Jahre 2001 hat die deutsche Bildungslandschaft nachhaltig verändert. Aufgrund der in Relation zu den anderen OECD-Staaten unterdurchschnittlichen Leistungen im naturwissenschaftlichen Bereich musste der schulische Unterricht auch in dieser Hinsicht neu reflektiert werden. Im Zuge der Formulierung nationaler Bildungsstandards und der Implementierung kompetenzorientierter Leistungsanforderungen durch die Kultusministerkonferenz im Jahre 2004 haben sich die Rahmenbedingungen naturwissenschaftlichen Unterrichts an Schulen maßgeblich verändert: Während zuvor eine starke Fokussierung auf Fachinhalte leitend für das Unterrichtsgeschehen gewesen war (MAYER et al. 2004), orientierte man sich anschließend insbesondere an der amerikanischen Naturwissenschaftsdidaktik (AAAS 1990; BYBEE 1997) und strebt auf dieser Basis seitdem zunehmend ein umfassenderes wissenschaftspropädeutisches Wissen über die Natur der Naturwissenschaften als integralen Bestandteil naturwissenschaftlicher Grundbildung – der sogenannten Scientific Literacy – an (ROBERTS 2007). Diese meint problem- und anwendungsbezogenes Wissen, das sich vom rein nominellen Faktenwissen dadurch unterscheidet, dass es ein konzeptuelles und differenziertes Verständnis naturwissenschaftlicher Erkenntnisgewinnung umfasst (ARTELT et al. 2001). Die drei nach HODSON (2014) diesbezüglich relevanten Aspekte neben der Bewertungskompetenz (*addressing socio-scientific issues*) umfassen den Erwerb theoretischen Wissens (*learning science*), die Ausbildung von Kompetenzen im Bereich naturwissenschaftlicher Arbeitsweisen (*doing science*) und das als Nature of Science bezeichnete Verständnis über die Natur der Naturwissenschaften (*learning about science*) – in diesen dritten Bereich fällt das im Rahmen dieser Arbeit untersuchte Verstehen von Modellen und Modellierungsprozessen.

Elaborierte wissenschaftspropädeutische Kenntnisse von Lehrkräften sind deswegen bedeutsam, weil der Umgang mit Modellen ein integraler Bestandteil des Kompetenzbereichs „Erkenntnisgewinnung" ist (SENATSVERWALTUNG FÜR BILDUNG, JUGEND UND SPORT BERLIN 2015). Neben dem häufig berichteten, einseitigen Verständnis von Modellen als Medium zur Veranschaulichung natürlicher Phänomene bei Schülerinnen und Schülern wie auch bei Lehrerinnen und Lehrern (GROSSLIGHT, UNGER, JAY & SMITH 1991; TRIER & UPMEIER ZU BELZEN 2009; GRÜNKORN & KRÜGER 2012) werden sie im wissenschaftlichen Diskurs besonders als Methode zur Klärung naturwissenschaftlicher Fragestellungen verstanden (LOUCA & ZACHARIA 2012; UPMEIER ZU BELZEN & KRÜGER 2010; WINDSCHITL, THOMPSON & BRAATEN 2008). Der idealtypische Weg naturwissenschaftlicher Erkenntnisgewinnung – Generierung von Hypothesen, Entwicklung eines Versuchsdesigns, Testen von Hypothesen und Verifikation/Falsifikation – kann mithilfe von Modellen beschritten werden (UPMEIER ZU BELZEN 2013). Dass ein Modell dabei keine abgeschlossene Abbildung der Wirklichkeit darstellt, ergibt sich eo ipso aus dem falsifikatorischen Prinzip (POPPER 1934). Diese Perspektive nehmen Schülerinnen

© Springer Fachmedien Wiesbaden GmbH, ein Teil von Springer Nature 2019
L. Großmann, *Modellverstehen und Modellieren an einer Blackbox,*
BestMasters, https://doi.org/10.1007/978-3-658-25282-3_1

und Schüler zwar vereinzelt auch ein, aber nicht mehrheitlich (TREAGUST, CHITTLEBOROUGH & MAMIALA 2002).

Die sich mit der Verankerung des Modellierens als naturwissenschaftlicher Arbeitsweise in die Rahmenlehrpläne der Bundesländer ergebende Herausforderung für die Lehrkräfte, neben dem biologischen Fachwissen unter anderem auch ein elaboriertes Verständnis über Modelle bei den Schülerinnen und Schülerinnen zu fördern (UPMEIER ZU BELZEN & KRÜGER 2010; KRELL, KRÜGER & UPMEIER ZU BELZEN 2016), stellt zugleich die Frage, inwiefern die bisherige Lehramtsausbildung eine hinreichende Vorbereitung dafür bietet. Wenn Modelle bislang häufig nicht aus der Forschungsperspektive betrachtet, sondern in der Schule eher zur Veranschaulichung oder zur Erklärung biologischer Phänomene verwendet werden (GROSSLIGHT ET AL. 1991; KHAN 2011; KRELL & KRÜGER 2013), dann sind die empirischen Befunde plausibel, nach denen heutige angehende Lehrkräfte selbst keinen professionellen Umgang mit Modellen erworben haben – weder während ihrer Schulzeit (GROSSLIGHT et al. 1991) noch während der (fachwissenschaftlichen) Module ihres Studiums (CRAWFORD & CULLIN 2004; KHAN, 2011; MATHESIUS, UPMEIER ZU BELZEN & KRÜGER 2014; REINISCH & KRÜGER 2014). Dies lässt sich folglich auch bei bereits ausgebildeten Lehrkräften feststellen (VAN DRIEL & VERLOOP 1999). Der Umstand, dass Lehrkräfte zur Förderung von Modellkompetenz selbst über ausgeprägtes Modellverstehen sowie über ein entsprechendes Repertoire an methodisch-didaktischen Zugängen dazu verfügen sollten (TEPNER et al. 2012), ergibt sich aus den Standards für die Lehrerbildung (KMK 2004).

Folglich bedarf es spezifisch auf den Erwerb von professionellen Kompetenzen im Bereich des Modellierens ausgerichteter Maßnahmen innerhalb der fachdidaktischen Lehramtsausbildung, die angehende Lehrkräfte in die Lage versetzen, elaboriert über Modelle und Modellierungsprozesse reflektieren zu können (GÜNTHER, FLEIGE, UPMEIER ZU BELZEN & KRÜGER 2016). Dies umfasst somit zwei Ebenen: Einerseits geht es um die Fähigkeit, über Modelle sowie über Modellierungsprozesse zu reflektieren (Metakognition), andererseits um Fähigkeiten im Bereich des eigenständigen Modellierens als Prozess (Performanz).

Beide Bereiche werden im Rahmen dieser Arbeit in den Blick genommen. In video- und audiographierten Einzelinterviews haben Studierende mit einer Blackbox gearbeitet (LEDERMAN & ABD-EL-KHALICK 1998; KOCH, KRELL & KRÜGER 2015) und dabei ein zeichnerisches Modell des inneren Mechanismus entwickelt. Es gibt bislang weder eine allgemeine Theorie zu Modellierungen (RITCHEY 2012) noch ausreichend Studien, die verschiedene Modellierungsstrategien empirisch fundiert beschreiben und analysieren (NICOLAOU & CONSTANTINOU 2014). Die vorliegende Arbeit versucht diese Forschungslücke zu schließen und ist folglich im Bereich der Grundlagenforschung zu verorten. Dabei wird der Versuch unternommen, vor dem Hintergrund theoretischer Überlegungen zu Modellierungsprozessen eine Typologie von Modellierungsstrategien zu entwickeln, die möglichst trennscharf verschiedene Vorgehensweisen beim Modellieren beschreiben kann.

Darüber hinaus werden die gewonnenen Erkenntnisse über die Performanz der Probanden mit ihrem vor der Blackbox-Untersuchung in Form eines Fragebogens mit fünf offenen Fragen erhobenen metakognitiven Wissen über die fünf Teilkompetenzen der Modellkompetenz (UPMEIER ZU BELZEN & KRÜGER 2010; KRELL, KRÜGER & UPMEIER ZU BELZEN 2016) in Zusammenhang gebracht. Vor diesem Hintergrund wird abschließend dargelegt, inwiefern ein elaboriertes Modellverstehen epistemologische Modellierungsprozesse begünstigen kann und warum eine stärkere Einbeziehung praktischer Modellierungen in der Lehramtsausbildung und im schulischen Biologieunterricht einen Beitrag zur Förderung von Kompetenzen im Bereich „Erkenntnisgewinnung" leisten kann.

2 Theoretischer Rahmen

2.1. Doppelte Perspektivität des Modell-Begriffs

Es gibt wohl kaum einen anderen Terminus, dem zwar in der Forschung eine derart zentrale Rolle zukommt, dessen semantischer Gehalt und damit das hinter dem Begriff stehende Konzept jedoch über einen Jahrzehnte währenden Zeitraum so kontrovers diskutiert worden ist wie im Fall des „Modells". Während Experimente, Hypothesen oder Diagramme klar definierte Eigenschaften aufweisen sollten und der Status eines wissenschaftlichen Produkts als richtig oder falsch geplantes Experiment (HAMMANN 2004; GROPENGIEßER 2013; HÖTTECKE & RIEß 2015[1]), als richtig oder falsch formulierte Hypothese (LANGLET 2013; GANSER & HAMMANN 2009) oder als richtig oder falsch dargestelltes Diagramm (KATTMANN 2013; LACHMAYER 2008) lediglich einen Abgleich zwischen dem vorliegenden Produkt und den in der Wissenschaftsgemeinschaft dafür jeweils gültigen Kriterien erfordert, verhält es sich im Falle von Modellen anders.

Der Bezugspunkt der folgenden Ausführungen sind die Überlegungen BERND MAHRS (2008), der zwar nicht als erster eine grundlegende Exegese des Modell-Begriffs dargelegt hat, dessen Betrachtungen jedoch aktuell sind und insofern als wegweisend für zahlreiche Studien über Modelle in den Naturwissenschaften der letzten Jahre gelten können, als sie einen wissenschaftsphilosophischen Wendepunkt markieren. MAHR (2008) löst sich von dem Bestreben, den Modell-Begriff als solchen zu attribuieren und ihm abstrakte Prädikate zuzuschreiben. Ausgehend von der Überlegung, dass alles und jedes Objekt, aber auch jede Person, jederzeit Modell sein kann, aber nicht per sé sein muss, wird der Modell-Begriff stets in einem situativen Kontext betrachtet:

> Versteht man Merkmale als Eigenschaften eines Gegenstandes, die seine Identität als Gegenstand mitbestimmen, dann kann es keine Modell-typischen Merkmale geben, wie ganz verschiedene Gegenstände ganz unzweifelhaft Modelle sein können, obwohl sie keine gemeinsamen Merkmale aufweisen: eine schöne Frau, [...] ein System von Differentialgleichungen, [...] und ein rotes Spielzeugauto [...]. (MAHR 2008, S.5f.)

Da es kein identitätsstiftendes Element gebe, das allen drei genannten Beispielen gemein wäre und das ihnen allesamt erst den Status eines Modells verleihen würde, führe die Suche nach allgemeinen Merkmalen des Modell-Begriffs in eine Aporie. Der ontologische Ansatz, eine Entität als Seiendes zu charakterisieren, indem eine Schnittmenge an Merkmalen gesammelt wird, die alle Modell-seienden Entitäten zusammenfasst, ist demzufolge

---

[1] HÖTTECKE & RIEß (2015) nehmen eine konträre Position ein und lösen sich von einer allzu engen Definition des „Experiment"-Begriffs, indem sie die Offenheit bzw. Vielgestaltigkeit naturwissenschaftlicher Experimente betonen, für die es eben kein eindeutiges Richtig-Falsch-Korsett gebe.

© Springer Fachmedien Wiesbaden GmbH, ein Teil von Springer Nature 2019
L. Großmann, *Modellverstehen und Modellieren an einer Blackbox*,
BestMasters, https://doi.org/10.1007/978-3-658-25282-3_2

obsolet. MAHRS Ausführungen münden in eine selbstreferentielle Erklärung des Modell-Begriffs, indem er ein „Modell des Modellseins" entwickelt:

> In einem konzeptuellen Modell des Modellseins kann allgemein erklärt werden, was es heißt, einen Gegenstand als Modell aufzufassen und wie dieser als Modell aufgefasste Gegenstand hinsichtlich seines Modellseins einer Beurteilung zugänglich ist. Im Hinblick auf diese Erklärung, d.h. auf dieses Modell des Modellseins, wird in jedem einzelnen Fall eines Modells der betrachte Gegenstand durch das Urteil des Modellseins einer konkreten Konzeptualisierung unterworfen, die sein Modellsein bestimmt und beurteilt. (MAHR 2008, S.9)

Hierin wird die epistemologische Dimension des MAHR'schen Modell-Begriffs umrissen, die wegweisend für den naturwissenschaftlichen Erkenntnisprozess und ein fundiertes Wissenschaftsverständnis (MAYER 2007) sowie für die weiteren Ausführungen im Rahmen dieser Arbeit ist.

Wenn MAHR (2008) behauptet, dass es vom konkreten Fall abhängt, ob ein Gegenstand Modell ist und falls ja, wie dieses Modellsein konzeptualisiert ist, dann zielt er auf eine doppelte Perspektivität ab (Abb.1). Fasst man einen Gegenstand als Modell auf, dann ist dieser einerseits als *Modell von etwas* und andererseits als *Modell für etwas* zu charakterisieren (vgl. auch GOUVEA & PASSMORE 2017; BAILER-JONES 1999):

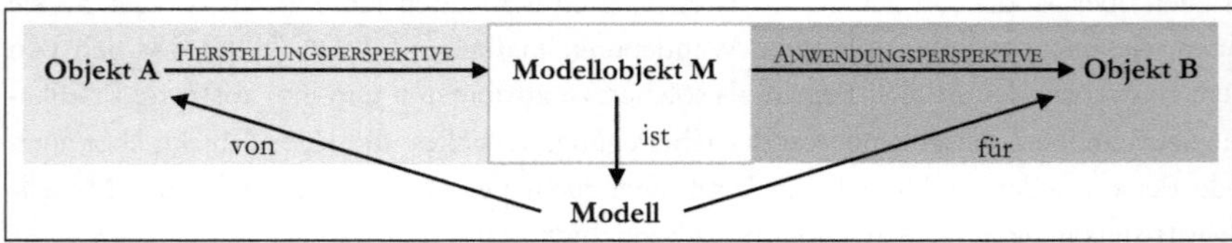

Abb.1   **Urteil über das Modellsein** (nach UPMEIER ZU BELZEN & KRÜGER 2010; verändert nach MAHR 2008). Die Graustufen differenzieren die Perspektiven auf das Modellobjekt (weiß), die Herstellung (mittelgrau) und die Anwendung (dunkelgrau).

Unterschieden wird hier zwischen dem Modell als Idee und dem Modellobjekt als mentale oder physisch existierende Umsetzung der zugrundeliegenden Idee. Dabei konkretisiert das Modellobjekt M all diejenigen Parameter, die von der urteilenden Instanz als konstitutiv für das Modell angesehen werden (vgl. MÄKI 2005). Daraus folgt, dass es zu jedem Original mehr als ein Objekt geben kann, schließlich obliegt es dem Modellierenden, die Parameter auszuwählen, die für das Modellobjekt maßgeblich sein sollen. Versteht man Modelle nämlich als „epistemische Artefakte" (KNUUTTILA 2005), dann impliziert dies eine Negation des Anspruchs an Modelle, sie müssten ein Original adäquat (im Sinne von Angemessenheit, nicht von naturalistischer Identität) repräsentieren und vollumfänglich abbilden (KNUUTTILA 2011). Da Modelle einem spezifischen Zweck dienen, werden sich nur solche Elemente des Objekts im Modellobjekt wiederfinden, die die modellierende Instanz für zweckdienlich hält.

Daraus ergeben sich zwei Perspektiven: Die erste beschreibt die auf Induktion beruhende Herstellung. Ausgehend von einem Objekt A – auf die Biologie angewendet könnte das jedwedes Phänomen oder Original sein – werden Daten gesammelt, Beobachtungen gemacht, Gesetzmäßigkeiten festgestellt, konstitutive Merkmale abstrahiert und aus diesen Anschauungsprozessen eine Repräsentationsform hergestellt, die MAHR das Modellobjekt M nennt. Dieses ist dann als Modell von einem Phänomen A oder Original A aufzufassen. Zugleich ist dasselbe Modellobjekt M aber auch Modell für ein Objekt B bzw. ein biologisches Phänomen B oder Original B, indem man ein identitätsstiftendes Merkmal des Modellobjekts auswählt und auf ein anderes Objekt B überträgt.

Die darin liegende Forschungsperspektive (UPMEIER ZU BELZEN & KRÜGER 2010) ist offenkundig: Während die Herstellungsperspektive den Nutzen eines Modells zur Veranschaulichung oder Erklärung von bekannten Phänomen umfasst, zielt die Anwendungsperspektive auf die Möglichkeit ab, beispielsweise Hypothesen aus dem Modell abzuleiten (Deduktion) und auf neue Zusammenhänge anzuwenden. Hierin besteht der Unterschied zur *Allgemeinen Modelltheorie* nach STACHOWIAK (1973), der Modelle primär als Abbildungen *von* etwas auffasst und eine ontologische Begriffsbestimmung liefert. KRELL (2013) stellt dar, dass STACHOWIAKS Modelltheorie gleichwohl insofern als epistemologisch ausgerichtet aufgefasst werden kann, als ein Modellierungsprozess stets subjektiv und intentional sei. Erkenntnisgewinnung durch Modelle zeichne sich demnach dadurch aus, dass ausgehend von einem Original ausgewählte Merkmale Teil eines Modells werden und dieses Modell wiederum Erkenntnis über das Original ermögliche.

MAHR (2008) greift diese Gedanken auf und entwickelt darüber hinaus die Idee, dass Modelle auch *für* etwas genutzt werden können und nicht bloß Abbild eines Originals sind. Unabhängig von MAHR wurde dieses Vorgehen im Sinne einer epistemologischen Betrachtung von Modellen mit dem Experimentieren als naturwissenschaftlicher Arbeitsweise parallelisiert (MÄKI 2005) und die Bedeutung des Modellierens im Sinne von Erkenntnisgewinnung im Rahmenkonzept wissenschaftsmethodischer Kompetenzen betont (MAYER 2007).

Welche empirisch belastbaren Befunde, mit denen man das Ausmaß an Elaboriertheit im Umgang mit Modellen erfassen kann, liegen bislang vor und inwiefern lassen sich diese gemäß der einleitend skizzierten Kompetenzorientierung zur Diagnostik nutzen?

2.2. Modellkompetenz als Teil der professionellen Kompetenzen von Lehrkräften

Die mannigfaltigen Herausforderungen, denen sich Lehrkräfte ausgesetzt sehen, erfordern professionelle Kompetenzen. Die Modellkompetenz ist dabei als Teil des Fachwissens im Bereich des Professionswissens von Biologielehrkräften zu verorten (Abb.2):

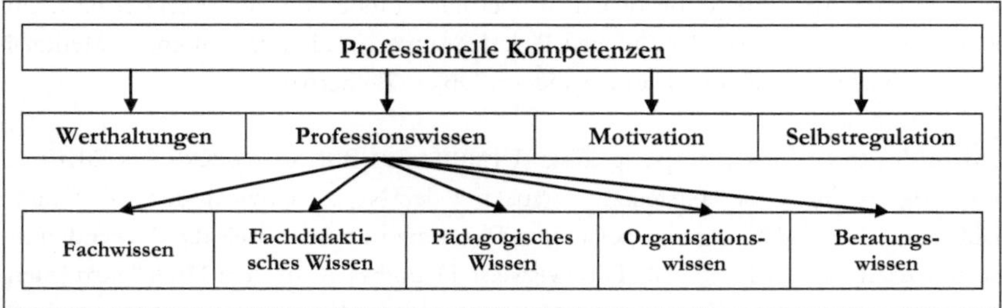

Abb.2 Modell professioneller Kompetenzen von Lehrkräften (MÜLLER (2016); vgl. auch BAUMERT & KUNTER 2006; BLÖMEKE, KAISER & LEHMANN 2008; BLÖMEKE et al. 2009)

Der Typologie von Wissensdomänen nach SHULMAN (1986) folgend können drei zentrale Dimensionen pädagogischen Professionswissens unterschieden werden[2]: Fachwissen (*content knowledge*), fachdidaktisches Wissen (*pedagogical content knowledge*) und pädagogisches Wissen (*general pedagogical knowledge*) (vgl. KÖNIG & BLÖMEKE 2009).

Wissenschaftspropädeutisches Wissen und folglich Kenntnisse im Bereich naturwissenschaftlicher Erkenntnisgewinnung (z.B. Umgang mit Modellen) fallen demnach in die Dimension „Fachwissen" von Biologielehrkräften. Dies ist als Grundlage für die Befähigung zu verstehen, den Förderbedarf von Schülerinnen und Schülern in ihrem Umgang mit Modellen zu diagnostizieren, auf didaktisch und methodisch sinnvolle Weise zu fördern und Modelle dabei im Sinne von MAHR (2008) nicht bloß als Medium zur Veranschaulichung von Fachinhalten, sondern als Methode im Sinne naturwissenschaftlicher Erkenntnisgewinnung zu nutzen (GÜNTHER, FLEIGE, UPMEIER ZU BELZEN & KRÜGER 2016). Dies wiederum fällt nach SHULMAN (1986) in den Bereich des fachdidaktischen Wissens, so dass eine Abhängigkeit der didaktischen Kompetenz von profundem und elaboriertem Wissen über Modelle bei Lehrkräften angenommen werden kann (VAN DRIEL & VERLOOP 1999).

---

[2] SHULMAN selbst definiert insgesamt sieben Wissensbereiche des Professionswissens, von denen sich die genannten drei als zentral durchgesetzt haben (SHULMAN 1987). Ergänzt wurde dies in jüngerer Zeit durch das Organisations- und Beratungswissen (BAUMERT & KUNTER 2006; BLÖMEKE et al. 2009).

Es sei an dieser Stelle eine terminologische Differenzierung getroffen, die für die weiteren Ausführungen konstitutiv sein wird. Modellkompetenz wird in Anlehnung an die Definition des Kompetenzbegriffs nach WEINERT (2001) wie folgt definiert:

> Modellkompetenz umfasst die Fähigkeiten, mit Modellen zweckbezogene Erkenntnisse gewinnen zu können und über Modelle mit Bezug auf ihren Zweck urteilen zu können, die Fähigkeiten, über den Prozess der Erkenntnisgewinnung durch Modelle und Modellierungen in der Biologie zu reflektieren sowie die Bereitschaft, diese Fähigkeiten in problemhaltigen Situationen anzuwenden. (UPMEIER ZU BELZEN 2013, S.330).

Dies deckt sich nicht vollumfänglich mit demjenigen Konzept, das im Rahmen dieser Arbeit als metakognitives Wissen über Modelle verstanden und in Anlehnung an KRELL (2013) „Modellverstehen" genannt wird. Das Modellverstehen als kognitive Ressource adressiert reines Wissen über das Wesen von Modellen und den naturwissenschaftlichen Prozess der Erkenntnisgewinnung mithilfe von Modellen. Aus diesem Grund werden im Folgenden das metakognitive Wissen und die damit verbundene Einstufung der Probanden in Kompetenzniveaus als „Modellverstehen" bezeichnet. Anders ausgedrückt bedeutet dies, dass sich Modellkompetenz in einen kognitiven Teil (Modellverstehen als Metakognition) und einen prozeduralen Teil (Modellieren als Performanz) (KRELL 2013) differenzieren lässt.

Eine empirisch fundierte Ausdifferenzierung der Modellkompetenz leistet das Kompetenzmodell von UPMEIER ZU BELZEN & KRÜGER (2010). Es unterscheidet zwischen fünf Teilkompetenzen und – auf MAHR (2008) aufbauend – jeweils drei verschie-dene Niveaustufen. Diese orientieren sich an den drei Perspektiven nach MAHR (2008), die man wie oben beschrieben zu einem Modell einnehmen kann. Niveaustufe I adressiert dabei das Modellobjekt als solches (außer bei Eigenschaften und Zweck von Modellen), während auf Niveaustufe II Modelle aus der Herstellungsperspektive (Modelle *von* etwas) und auf Niveaustufe III aus der Anwendungsperspektive (Modell *für* etwas) (außer Eigenschaften von Modellen) verstanden werden (Tab.1).

Tab.1 Kompetenzmodell der Modellkompetenz (KRELL, UPMEIER ZU BELZEN & KRÜGER 2016).
Die Graustufen differenzieren die Perspektiven auf das Modellobjekt (weiß), die Herstellung (mittelgrau) und die Anwendung (dunkelgrau).

	Niveau I	Niveau II	Niveau III
Eigenschaften von Modellen	Modelle sind Kopien von etwas	Modelle sind idealisierte Repräsentationen von etwas	Modelle sind theoretische Rekonstruktionen von etwas
Alternative Modelle	Unterschiede zwischen den Modellobjekten	Ausgangsobjekt ermöglicht Herstellung verschiedener Modelle von etwas	Modelle für verschiedene Hypothesen
Zweck von Modellen	Modellobjekt zur Beschreibung von etwas einsetzen	Bekannte Zusammenhänge und Korrelationen von Variablen im Ausgangsobjekt erklären	Zusammenhänge von Variablen für zukünftige Erkenntnisse voraussagen
Testen von Modellen	Modellobjekt überprüfen	Parallelisieren mit dem Ausgangsobjekt; Modell von etwas testen	Überprüfen von Hypothesen bei der Anwendung; Modell für etwas testen
Ändern von Modellen	Mängel am Modellobjekt beheben	Modell als Modell von etwas durch neue Erkenntnisse oder zusätzliche Perspektiven revidieren	Modell für etwas aufgrund falsifizierter Hypothesen revidieren

In Anlehnung an UPMEIER ZU BELZEN & KRÜGER (2010) lassen sich die fünf Teilkompetenzen folgendermaßen charakterisieren:

- *Eigenschaften von Modellen*:
  Diese Teilkompetenz zielt auf die Einschätzung ab, inwiefern ein Modell seinem biologischen Ausgangsobjekt entspricht. Dabei kann ein Modell als annähernd identisches Replikat eines Originals aufgefasst werden, wobei die Unterschiede zwischen Modell und Original (z.B. Material, Maßstab) nach MAHR (2008) rein auf das Modellobjekt als solches bezogen werden (Niveaustufe I). Darüber hinaus können Modelle als idealisierte Repräsentationen verstanden werden, d.h. es existiert ein Bewusstsein darüber, dass das Modell nur einen bestimmten Teil des Originals widerspiegelt und daher andere Merkmale nicht mit dem Original übereinstimmen müssen (Niveaustufe II). Schließlich können Modelle als theoretische Rekonstruktionen aufgefasst werden, die hypothetischen Charakter haben und im epistemologischen Sinne per definitionem als theoretisch und nicht endgültig gelten können (Niveaustufe III).

- *Alternative Modelle*:

  Diese Teilkompetenz erfasst Begründungen, warum es zu einem biologischen Phänomen mehr als ein Modell geben kann. Dabei kann zum einen ein Vergleich der verschiedenen Modellobjekte vorgenommen werden, bei dem vor allem auf unterschiedliches Material, Größe o.ä. rekurriert wird (Niveaustufe I). Ein elaborierteres Verständnis zeigt sich, wenn eine Beziehung zwischen dem Original und den Modellobjekten hergestellt wird (MAHR 2008) und die unterschiedlichen Modelle mit der Komplexität des Originals und den sich daraus ergebenden unterschiedlichen Foci der Modelle erklärt werden (Niveaustufe II). Ferner kann sich eine Forschungsperspektive daran zeigen, dass die Existenz der verschiedenen Modelle mit Verweis auf verschiedene zu untersuchende Hypothesen über das Phänomen begründet wird (Niveaustufe III).

- *Zweck von Modellen*:

  Diese Teilkompetenz hebt auf die unterschiedlichen Zwecke ab, zu denen Modelle in der Biologie genutzt werden. So können Modelle beispielsweise vorwiegend zur Beschreibung oder Veranschaulichung eines Phänomens genutzt werden, z.B. zur Darstellung einer Struktur oder zur Vereinfachung eines Prozesses (Niveaustufe I). Darüber hinaus können Modelle auch als Mittel zur Erklärung von Prozessen o.ä. verstanden werden. Dabei handelt es sich dann um bereits bekannte Zusammenhänge, bei denen das Modell einzelne Variablen aufgreift und somit zur Erklärung des Originals beiträgt (Niveaustufe II). Die Forschungsperspektive nach MAHR (2008) drückt sich dann aus, wenn Modelle als Mittel der Erkenntnisgewinnung gesehen werden, mit denen man Hypothesen überprüfen und somit Rückschlüsse auf das Original ziehen kann (Niveaustufe III).

- *Testen von Modellen*:

  Diese Teilkompetenz steht mit dem Zweck von Modellen in enger Beziehung, denn hierbei geht es um die Frage, wie überprüft werden kann, ob ein Modell seinen Zweck erfüllt oder nicht. Dabei kann zum einen auf der Ebene des Modellobjekts nach Material- oder Funktionalitätsdefiziten geschaut und eine Änderung bezüglich Farbe, Stabilität, Haltbarkeit o.ä. erwogen werden (Niveaustufe I). Werden Modelle dagegen explizit mit dem Original verglichen und dabei grundlegende Unterschiede festgestellt, die zu einer Veränderung des Modells führen sollten, dann entspräche dies nach MAHR (2008) der Herstellungsperspektive (Niveaustufe II). Die Anwendungsperspektive ergäbe sich, wenn das Testen über eine Generierung von Hypothesen aus dem Modell über das Original erfolgt (Niveaustufe III).

– *Ändern von Modellen*:

  Diese Teilkompetenz zielt auf die Frage ab, aus welchen Gründen ein Modell verändert werden müsste. Dabei kann auf Mängel des Modellobjekts (z.B. hinsichtlich
  der Ästhetik, Funktionalität o.ä.) rekurriert werden (Niveaustufe I). Wird das Modell darüber hinaus als Modell von etwas verstanden, wird ein Abgleich zwischen
  Modell und Original vorgenommen. Bei einer mangelnden Passung wäre dann eine Änderung des Modells notwendig (Niveaustufe II). Die Forschungsperspektive
  zielt schließlich darauf ab, dass Modelle dann verändert werden müssen, wenn die
  aus ihnen abgeleiteten Hypothesen über das Original falsifiziert wurden (Niveaustufe III).

In einer früheren Version des Kompetenzmodells der Modellkompetenz (UPMEIER ZU
BELZEN & KRÜGER 2010) wurden die Teilkompetenzen „Eigenschaften von Modellen"
und „Alternative Modelle" der Dimension „Kenntnisse über Modelle" zugeordnet, während die anderen Teilkompetenzen unter der Dimension „Modellbildung" subsumiert
worden sind. Zwar konnte die hypothetische Annahme, dass sich Modellkompetenz in
diese beiden Dimensionen ausdifferenzieren lässt, empirisch nicht bestätigt werden
(KRELL 2013, TERZER 2013); gleichwohl sei betont, dass die drei Teilkompetenzen
„Zweck von Modellen", „Testen von Modellen" und „Ändern von Modellen" prozeduralen Charakter haben und damit eine wichtige Rolle als Teilaspekte des wissenschaftlichen
Denkens im Rahmenkonzept wissenschaftsmethodischer Kompetenzen einnehmen
(MAYER 2007). Da sie in besonderer Weise auf den Modellbildungsprozess abzielen und
die Reflexion darüber konstitutiver Teil eines elaborierten Wissenschaftsverständnisses ist
(MAYER 2007; TREAGUST, CHITTLEBOROUGH & MAMIALA 2002), werden diese drei
Teilkompetenzen im Rahmen der vorliegenden Arbeit als potentielle Indikatoren für den
Modellierungsprozess angesehen (JUSTI & GILBERT 2003). Insbesondere die Teilkompetenz „Testen von Modellen" spielt dabei eine wichtige Rolle, weil eine Reflexion über das
Testen beispielsweise auch ein Verstehen über den Zweck von Modellen miteinschließt
(LEE & KIM 2014; KRELL & KRÜGER 2016).

Darüber hinaus gibt es bislang keine eindeutige empirische Evidenz dafür, dass sich Modellkompetenz als fünfdimensionales Konstrukt verstehen lässt (KRÜGER, KAUERTZ &
UPMEIER ZU BELZEN 2018; KRELL, UPMEIER ZU BELZEN & KRÜGER 2016). Gleichwohl
bietet die Ausdifferenzierung in fünf Teilkompetenzen großes diagnostisches Potential,
das sich bei der Einschätzung des Modellverstehens von Schülerinnen und Schülern bewährt hat (GOGOLIN & KRÜGER 2017; FLEIGE, SEEGERS, UPMEIER ZU BELZEN &
KRÜGER 2012). Aufbauend auf diesen Überlegungen werden im Folgenden zwei zentrale
Kategorien aus dem Kompetenzbereich „Erkenntnisgewinnung" expliziert, die im Bereich des Umgangs mit Modellen konstitutiv sind und leitend für das Untersuchungs-

design und die Auswertungsverfahren sein werden. In den Bildungsstandards (KMK 2005, S.14) für das Fach Biologie heißt es dazu:

Die Schülerinnen und Schüler...

E 9   ...wenden Modelle zur Veranschaulichung von Struktur und Funktion an.

E 10   ...analysieren Wechselwirkungen mit Hilfe von Modellen.

E 11   ...beschreiben Speicherung und Weitergabe genetischer Information auch unter Anwendung geeigneter Modelle.

E 12   ...erklären dynamische Prozesse in Ökosystemen mithilfe von Modellvorstellungen,

E 13   ...beurteilen die Aussagekraft eines Modells.

Daraus ergeben sich die folgenden modellbezogenen Standards und ihre Konkretisierung im aktuellen Berliner Rahmenlehrplan (Tab.2):

Tab.2   Modellbezogene Bildungsstandards und Standards im Berliner Rahmenlehrplan im Vergleich.[3]

	Bildungsstandards Biologie (KMK 2005)	Rahmenlehrplan Biologie – Sek. I (SENATSVERWALTUNG BERLIN 2017)	
I	– Untersuchungsmethoden und Modelle kennen und verwenden – Modelle sachgerecht nutzen – Modelle praktisch erstellen	– mit Modellen naturwissenschaftliche Sachverhalte beschreiben – Modelle bezüglich ihrer Einsatzmöglichkeiten prüfen – Modelle bezüglich ihrer Eignung prüfen	D
II	Sachverhalte mit Modellen erklären	– mit Modellen naturwissenschaftliche Zusammenhänge erklären – Modelle mit dem naturwissenschaftlichen Sachverhalt vergleichen – Modelle aufgrund neuer Erkenntnisse über bzw. fehlender Passung zum naturwissenschaftlichen Sachverhalt ändern	E/F
III	– Hypothesen erstellen mit einem Modell – Modelle kritisch prüfen	– mit Modellen naturwissenschaftliche Sachverhalte vorhersagen – mithilfe von Modellen Hypothesen ableiten – Modelle ändern, wenn die aus ihnen abgeleiteten Hypothesen widerlegt sind	G/H

---

[3] Die Bildungsstandards differenzieren drei Anforderungsbereiche (I, II, III), die die Grundlage für die Leistungsbeurteilung gemäß der „Einheitlichen Prüfungsanforderungen in der Abiturprüfung" bilden. Der neue Berliner Rahmenlehrplan für die Sekundarstufe I im Fach Biologie hingegen unterscheidet acht Niveaustufen (A-H), wobei die Stufe E am Gymnasium in der 7.Klasse erreicht werden soll, die Stufe H dann in der 10.Klasse. Dies entspricht dem für die gymnasiale Oberstufe geforderten Eingangsniveau.

In den Bildungsstandards und folglich in den Rahmenlehrplänen für das Fach Biologie zeichnen sich zwei Dimensionen ab, die Lehrkräfte im Biologieunterricht berücksichtigen sollten. Einerseits geht es um die Fähigkeit, Modelle kritisch zu reflektieren, d.h. um ein Wissen über Modelle – die so genannte Metakognition. Andererseits geht es um das Modellieren als Tätigkeit, d.h. um den Prozess, in dem ein Modell entwickelt wird – die so genannte Performanz. Eine Auseinandersetzung mit diesen beiden Dimensionen ist wichtig, da angenommen werden kann, dass ein elaboriertes metakognitives Wissen positiv mit Lernprozessen korreliert – sowohl im Allgemeinen (GONZÁLEZ WEIL 2006; HARMS 2007) als auch konkret auf Modelle und Modellierungsprozesse bezogen (SCHWARZ et al. 2009).

2.2.1. Modellverstehen als metakognitives Wissen

Die naturwissenschaftsdidaktische Forschung hat auf die normativen Anforder-ungen aus den Bildungsstandards reagiert und Kompetenzmodelle entwickelt, mit deren Hilfe die naturwissenschaftlichen Kompetenzen von Schülern theoretisch fundiert und empirisch beschrieben werden (MAYER & WELLNITZ 2014). Im Bereich des Umgangs mit Modellen hat sich das Kompetenzmodell der Modellkompetenz (UPMEIER ZU BELZEN & KRÜGER 2010, KRELL, UPMEIER ZU BELZEN & KRÜGER 2016) etabliert.

Es sei zur Wahrung der begrifflichen Klarheit betont, dass dieses Kompetenzmodell der Strukturierung der Fähigkeiten dienen soll, die beim Umgang mit Modellen erforderlich sind. Dies umfasst folglich neben dem Wissen über Modelle (KRELL 2013; TERZER 2013) auch Kompetenzen im Bereich der prozeduralen Modellbildung (ORSENNE 2016). Da das Kompetenzmodell gleichwohl im Rahmen dieser Arbeit dafür genutzt wird, die Probanden im oben beschriebenen Sinne hinsichtlich ihres metakognitiven Wissens, d.h. ihres Modellverstehens, zu kategorisieren, erscheint es plausibel, die Verknüpfung an dieser Stelle herzustellen. Aus diesem Grund wird mit Bezug auf das Kompetenzmodell im Folgenden natürlich von „Modellkompetenz" gesprochen, während mit Bezug auf die Nutzung des Modells zur Erfassung metakognitiven Wissens von „Modellverstehen" gesprochen wird. Modellverstehen wird dabei KRELL (2013) folgend als Indikator für Modellkompetenz verstanden.

Darüber hinaus gilt zu berücksichtigen, dass in der Literatur kein begrifflicher Konsens hinsichtlich des Konzepts metakognitiven Wissens besteht. In Anlehnung an die Definition von SCHWARZ & WHITE (2005), die von *„metamodeling knowledge"* sprechen, dies allerdings ausdrücklich nur auf *„the nature und purpose of scientific models"* beziehen, übersetzen KRELL, UPMEIER ZU BELZEN & KRÜGER (2016) dies als „theoretisches Verständnis über

Modelle und das Modellieren" und meinen damit alle fünf Teilkompetenzen der Modell-kompetenz.

Eine weitergehende Differenzierung des Begriffs findet sich bei PAPAEVRIPIDOU, NICOLAOU & CONSTANTINOU (2014), nach denen unter metakognitivem Wissen sowohl *„metamodeling knowledge"* als epistemisches Wissen über die Eigenschaften und den zweck-gerichteten Einsatz von Modellen – dies entspräche den Teilkompetenzen „Eigenschaften von Modellen" und „alternative Modelle" – als auch *„metacognitive knowledge about the mode-ling process"* als die Fähigkeit, einen Modellierungsprozess beschreiben und reflektieren zu können – dies entspräche den Teilkompetenzen „Zweck", „Testen" und „Ändern" –, subsumiert werden. Im Rahmen dieser Arbeit umfasst die Verwendung des Ausdrucks „Metakognition" beide Dimensionen des Begriffs nach PAPAEVRIPIDOU, NICOLAOU & CONSTANTINOU (2014), dass dieser synonym zum Begriff des Modellverstehens aufzufas-sen ist.

Übereinstimmend wird berichtet, dass Lehrer naturwissenschaftlicher Fächer zumeist nur ein gering ausgeprägtes epistemologisches Verständnis von Modellen haben. So nehmen in einer quantitativen Studie von KRELL & KRÜGER (2016) maximal 11% der Probanden pro getesteter Teilkompetenz eine Perspektive auf Niveaustufe III ein. Diese Befunde decken sich mit denen von JUSTI & GILBERT (2003). Demnach sieht die große Mehrheit der befragten (angehenden) Lehrerinnen und Lehrer den zentralen Nutzen von Modellen in der Möglichkeit, Sachverhalte zu veranschaulichen (87%) bzw. zu erklären (92%). Es ist davon auszugehen, dass Modelle daher als Medien verstanden werden und die Anwen-dungsperspektive nach MAHR (2008) nur selten eingenommen wird.

Neben dieser kognitiven Komponente betonen SCHWARZ et al. (2009) die Bedeutung des Zusammenspiels mit dem prozeduralen Teil von Modellkompetenz:

> We argue that the elements of the practice and the metaknowledge should not be viewed as separate learning goals. The practice and underlying knowledge are significantly more powerful and meaningful when addressed with one another rather than as separate components. [...] Similarly, it would be of little practical use for students to learn abstract decontextualized understandings about science, where they could describe the nature or purpose of models, without being able to use these understandings in guiding their development and use of mo-dels. (SCHWARZ et al. 2009, S.635)

Der hier betonten Bedeutsamkeit des Modellierens als praktische Tätigkeit ist bislang nur in wenigen Studien Aufmerksamkeit gewidmet worden (z.B. SCHWARZ & WHITE 2005; LOUCA & ZACHARIA 2015; ORSENNE 2016; KRELL, WALZER, HERGERT & KRÜGER 2017). Welche Befunde gibt es bislang zum Modellieren und inwieweit lassen sich daraus Beschreibungen verschiedener Vorgehensweisen beim Arbeiten mit Modellen generieren?

2.2.2. Modellieren als performativer Akt

Modelle als Mittel zur Erkenntnisgewinnung zu nutzen, ist im Rahmenkonzept wissenschaftsmethodischer Kompetenzen integraler Bestandteil der Scientific Inquiry und steht
somit in enger Beziehung zu den kognitionspsychologischen Konstrukten „Wissenschaftliches Denken" (scientific reasoning) sowie „Wissenschaftsverständnis" (epistemological
views) (MAYER 2007). Da es bislang jedoch kein Kompetenzstrukturmodell für den Modellierungsprozess gibt, erfolgt an dieser Stelle eine Synopse des wissenschaftstheore-
tischen Diskurses. Ausgehend von der Überlegung, dass ein Modellobjekt zugleich Modell
von etwas als auch Modell *für* etwas sein kann (BAILER-JONES 1999; MAHR 2008;
PASSMORE, GOUVEA & GIERE 2014; GOUVEA & PASSMORE 2017), schlagen KRELL,
UPMEIER ZU BELZEN & KRÜGER (2016) ein zyklisches Prozessschema des Modellierens
vor (Abb. 3):

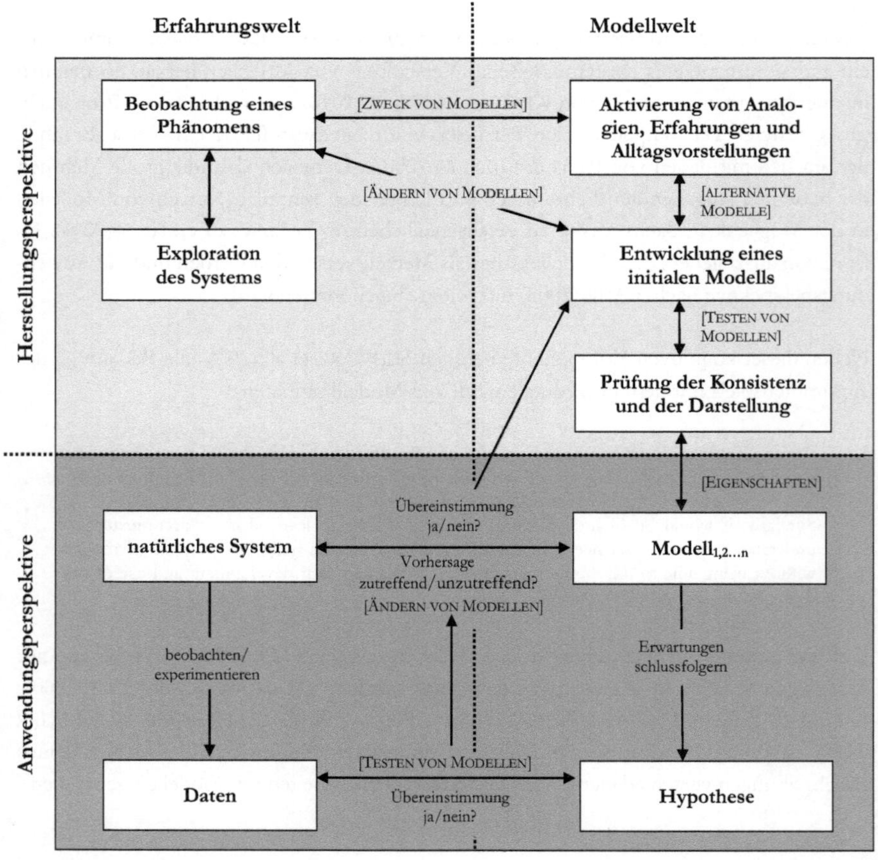

Abb. 3 Prozessschema naturwissenschaftlicher Erkenntnisgewinnung durch Modellieren (verändert nach KRELL, UPMEIER ZU BELZEN & KRÜGER 2016; KRELL, WALZER, HERGERT & KRÜGER 2017 sowie KRÜGER, KAUERTZ & UPMEIER ZU BELZEN (2018)). Die Graustufen differenzenzieren die Perspektiven auf die Herstellung (hellgrau) und die Anwendung (dunkelgrau). Die Teilkompetenzen der Modellkompetenzen sind durch Kapitälchen hervorgehoben.

Die linke Hälfte repräsentiert die Erfahrungswelt und somit die Sphäre, in der jeder Gegenstand und jedes Wesen als Phänomen – oder mit MAHR (2008) gesprochen als Objekt A – verstanden werden kann. Aus der Beobachtung eines solchen Phänomens wird über die Aktivierung von Analogien und Erfahrungen ein initiales Modell generiert (CLEMENT 1989). Dies geschieht in der rechts dargestellten Modellwelt. Das initiale Modell repräsentiert das beobachtete Phänomen insofern zweckgerichtet und unvollständig, als es auf die wesentlichen Variablen des Phänomens reduziert ist. Ob das Phänomen dadurch noch angemessen repräsentiert wird, wird durch eine fortwährende Überprüfung der Konsistenz des Modells hinterfragt, die gegebenenfalls zu einer Veränderung des Modells führen kann.

Das auf diese Weise modifizierte Modell fungiert aus der Herstellungsperspektive nach MAHR (2008) somit als Medium zur Veranschaulichung oder Erklärung des beobachteten Phänomens (UPMEIER ZU BELZEN & KRÜGER 2010). Es gilt jedoch zu berücksichtigen, dass die Abfolge der einzelnen Schritte empirisch zumindest für Schülerinnen und Schüler der Primarstufe und für Kindergartenkinder nicht belegt werden konnte (LOUCA & ZACHARIA 2012).

Nutzt man das Modell (bzw. die weiteren Modelle) darüber hinaus dazu, Vorhersagen aus dem Modell abzuleiten, gelangt man in eine Anwendungsperspektive (MAHR 2008; GIERE, BICKLE & MAULDIN 2006). Durch experimentelle Verfahren, wie beispielsweise die Manipulation von Variablen im Original – und damit nun wiederum in der Erfahrungswelt –, können die Vorhersagen im Sinne eines hypothetisch-deduktiven Verfahrens getestet werden. Eine zu falsifizierende Hypothese lässt darauf schließen, dass das Modell bislang noch keine adäquate Repräsentation des Originals darstellt und geändert werden muss (GIERE, BICKLE & MAULDIN 2006). Agiert man auf diese Weise, wird das Modellieren als zyklischer Prozess und somit als Methode zur naturwissenschaftlichen Erkenntnisgewinnung aufgefasst (UPMEIER ZU BELZEN & KRÜGER 2010).

Es gibt bislang allerdings nur wenige Ansätze, diese Prozesse genauer zu beschreiben und dabei Modellierungsstrategien[4] zu benennen und zu charakterisieren. Aus den verschiede-

---

[4] Der Begriff „Strategie" ist definiert als „*genauer Plan des eigenen Vorgehens, der dazu dient, ein [...] Ziel zu erreichen, und in dem man diejenigen Faktoren, die in die eigene Aktion hineinspielen können, von vornherein einzukalkulieren versucht*" (DUDEN 2015). Dies setzt Bewusstheit voraus, die sich in Form explizit vorgetragener Handlungs- und Gedankenbeschreibungen artikuliert. Es ist jedoch nicht zu erwarten, dass das Vorgehen der Probanden stets in der o.g. Weise explizit gemacht wird und dass ein vorab mental entwickelter Plan die Modellierung kennzeichnet. Im Rahmen dieser

nen Forschungsbeiträgen wird im Folgenden eine Typologie von Modellierungsstrategien destilliert, die eine solide terminologische Basis für die weiteren Untersuchungen liefern wird. Dabei gilt jedoch zu berücksichtigen, dass ein Modellierungsprozess aus mehreren distinkten, in ihrem Wesen sehr unterschiedlichen Phasen bestehen kann. Eine Phase ist dabei geprägt von einer bestimmten Tätigkeit (z.B. Exploration, Modellierung, Hypothesenbildung etc.). Das Muster der verschiedenen Phasen eines Modellierungsprozesses ergibt eine Modellierungsstrategie. Diese Unterscheidung ist wichtig, weil die in dieser Arbeit verwendeten Begriffe „Phasen", „Muster" und „Strategie" in der Forschungsliteratur nicht einheitlich verwendet werden (vgl. JUSTI & GILBERT 2016).

Als erste systematische Beschreibung unterschiedlicher Modellierungsstrategien kann der Ansatz von VAN JOOLINGEN (2004) gelten, der drei verschiedene Möglichkeiten des Modellierens entlang eines Kontinuums dargestellt hat, dessen Pole dadurch definiert sind, dass in dem einen Fall sämtliche Variablen eines bereits bestehenden Modells festgelegt sind und man die Funktionsweise des Modells ergründen muss (*exploratives Modellieren*), während in dem anderen Fall in Betrachtung eines Phänomens selbst ein Modell hergestellt werden soll (*expressives Modellieren*). Dazwischen lässt sich ein hypothetisch-deduktives Vorgehen im Sinne der Anwendungsperspektive von Modellen nach MAHR (2008) einordnen, bei dem aus einem Modell Vermutungen abgeleitet und am Original getestet werden (*experimentelles Modellieren*[5]).

Ergänzend zur bislang skizzierten Trias benennen OH & OH (2011) sowie CAMPBELL, OH & NEILSON (2013) mit dem *evaluativen Modellieren* ein weiteres Handlungsmuster, das im Sinne der Teilkompetenz „Ändern von Modellen" durch den Vergleich mehrerer alternativer Modelle auf mögliche Veränderungen an einem Modellobjekt abzielt, die unter bestimmten Bedingungen vorgenommen werden können.

Darüber hinaus lassen sich aus einer anderen Denkrichtung zwei grundsätzliche Strategien naturwissenschaftlicher Erkenntnisgewinnung unterscheiden. KLAHR und DUNBAR (1988) haben das SDDS-Modell (*Scientific Discovery as Dual Search*) entwickelt, mit dem sie die Prozesse beim naturwissenschaftlichen Problemlösen untersucht haben. Dabei wird unterschieden zwischen dem Hypothesen-Raum, in dem Hypothesen über das zu lösende Problem generiert und dabei Vorwissen und Erfahrungen aktiviert werden, und dem Experiment-Raum, in dem ein Untersuchungsdesign zur Überprüfung der Hypothesen entwickelt und die dabei relevanten Variablen identifiziert werden.

Arbeit wird der Begriff „Strategie" daher im Sinne einer in sich schlüssigen Vorgehensweise verstanden, die nicht zwangsläufig eine prospektive Abschätzung möglicher Einflussfaktoren voraussetzt.
[5] Die Benennung erfolgt nach CAMPBELL, OH & NEILSON (2013). Im Original bei VAN JOOLINGEN (2004) wird diese Strategie „*inquiry modeling*" genannt.

Laut KLAHR (2000) wird mit dem SDDS-Modell der Anspruch erhoben, ein „general framework within which to interpret human behavior in any scientific reasoning task" zur Verfügung zu stellen. Während HAMMANN (2007) das Modell bereits zur Strukturierung von Experimentierkompetenz genutzt hat, liegt eine Anwendung des SDDS-Modells auf Modellierungsprozesse bislang nicht vor. Dabei lassen sich von KLAHR und DUNBAR (1988) gefundene Zugänge beim naturwissenschaftlichen Problemlösen auch auf das Modellieren anwenden. Unterschieden wird demnach zwischen Theoretikern und Experimentatoren:

– Theoretiker bewegen sich vorwiegend im Hypothesen-Raum und entwickeln unter Einbeziehung ihres theoretischen Vorwissens und ihrer Erfahrungen zunächst eine oder mehrere Hypothesen, die dann im Experiment-Raum getestet werden. Bestätigt sich eine Hypothese nicht, werden mögliche Ursachen reflektiert und die Hypothese dann im Hypothesen-Raum modifiziert, ehe gezielt eine nochmalige Prüfung stattfindet.

– Experimentatoren hingegen entwickeln unter Umständen zwar auch Hypothesen im Hypothesen-Raum, bewegen sich dann aber vorwiegend im Experiment-Raum. Bestätigt sich eine Hypothese nicht, wird diese nur selten verworfen (KLAHR, FAY & DUNBAR 1993) und trotz Widerspruchs zu den erhobenen Daten an ihr festgehalten. Stattdessen wird die Experimentalanordnung kontinuierlich verändert und versucht, in den gewonnenen Daten Muster zu erkennen. Dies erfolgt dann ohne Generierung neuer Hypothesen.

Zu beachten ist dabei jedoch, dass diese Untersuchungen an Schülern der Sekundarstufe I durchgeführt worden sind. Da es sich hierbei um zwei sehr grundlegende Strategien naturwissenschaftlichen Problemlösens handelt und da die von HAMMANN (2007) formulierten Kriterien, nach denen sich das SDDS-Modell sinnvoll als Forschungsdesign auf andere Bereiche anwenden lässt, auch auf die Blackbox-Untersuchung zutreffen, können derartige Vorgehensweisen auch bei angehenden Biologielehrkräften erwartet werden.

All die bislang dargestellten Ansätze zur Beschreibung des Modellierens als performativen Akt lassen sich als Theorien auffassen, also jeweils „als Systeme wissenschaftlich begründeter Aussagen zur Erklärung bestimmter Erscheinungen" (KRÜGER & VOGT 2007) – in diesem Fall des Modellierens. Da Theorien zudem Modellcharakter haben und somit einerseits niemals endgültig verifiziert werden können, andererseits Modelle wiederum Bestandteil von Theorien sind (KRÜGER & VOGT 2007; BECK & KRAPP 2014), wird an dieser Stelle der Versuch unternommen, die verschiedenen möglichen Vorgehensweise in Modellierungsprozessen den vier verschiedenen Bedeutungen von Theorien in Anwendungssituationen zuzuordnen und auf diese Weise zu charakterisieren.

BECK & KRAPP (2014) unterscheiden vier Grundformen der Theorieanwendung:

1. Rückschauendes Begreifen (erklärende Bedeutung)
   Warum ist das Ereignis X eingetreten?
2. Differenziertes Wahrnehmen (beschreibende Bedeutung)
   Worauf muss geachtet werden, um das Ziel Y zu erreichen?
3. Zielerreichendes Handeln (technologische Bedeutung)
   Was muss ich tun, um ein bestimmtes Ziel Y zu erreichen?
4. Vorsorgliche Folgenabschätzung (prognostische Bedeutung)
   Was wird die Folge von Ereignis X sein?

Diese vier distinkten Bedeutungen von Theorien lassen sich auf die Beschreibung von Modellierungsprozessen anwenden, wenn man davon ausgeht, dass eine modellierende Instanz (unbewusst) aus einer dieser vier Denkrichtungen heraus vorgeht und dabei ein bestimmtes Vorgehen verfolgt. Aus diesen vielfältigen Perspektiven lassen sich somit die folgenden vier Modellierungsstrategien ableiten (Tab.3).

Tab.3 Typologie von Modellierungsstrategien mit Literaturbezug. Die zentralen Tätigkeitsmuster der verschiedenen Strategien wurden farblich im Prozessschema (s.o.) markiert.

Modellierungsstrategie	Charakterisierung	theoretische Grundlage[6]
I. erwartungsgeleitetes Vorgehen		
A. erklärendes Modellieren	– Herstellungsperspektive – intensive Erkundung des Originals im Experiment-Raum (explorierendes Modellieren[7]) – Versuch, die gewonnenen Daten nachträglich zu erklären → *Welche Ursache A gibt es dafür, dass B beobachtet werden kann?* – Modelle werden häufig verworfen	KLAHR & DUNBAR 1988; KLAHR 2000; MAHR 2008 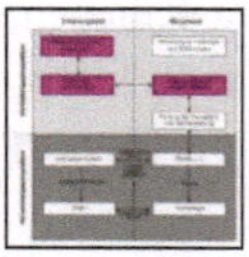
B. beschreibendes Modellieren	– Herstellungsperspektive – intensive Prüfung der Konsistenz und der Darstellung eines entwickelten Modells – Erhebung neuer Daten führt fortwährend zu Modifizierungen – Modell wird nicht verworfen, sondern so lange entwickelt, bis es die Beobachtungen am Original erklärt → *Beachte A, wenn du B erreichen möchtest.*	CLEMENT 1989; JUSTI & GILBERT 2003; MAHR 2008 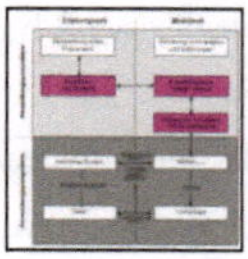

---

[6]   Die für den jeweiligen Typus zu erwartenden Haupttätigkeiten sind farblich im Prozessschema hervorgehoben, alle anderen Tätigkeiten werden von diesem Typus nicht ausgeführt..

[7]   Dies entspricht ausdrücklich nicht dem „explorativen Modellieren" nach CAMPBELL et al. (2013).

C. technologisches Modellieren	– Herstellungsperspektive – Modellierungsprozess wird als abgeschlossen betrachtet, sobald eine Erklärung zum Mechanismus des Originals geliefert werden kann → *Wenn A, dann B.* – Ziel erreichendes Modellieren: Fokus auf Entwicklung eines konsistenten Modellobjekts – Bildung zahlreicher Analogien als subjektive theoretische Bezüge – Erwartung bestimmter Daten (B-Teil) und Suche nach einem Weg, diese Daten zu generieren (A-Teil)	UPMEIER ZU BELZEN & KRÜGER 2010; CAMPBELL et al. 2013 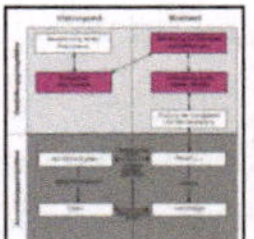
II. hypothesengeleitetes Vorgehen		
D. prognostisches Modellieren	– Anwendungsperspektive – intensive Planung im Hypothesen-Raum –hypothetisch-deduktives Vorgehen, bei dem Vermutungen aus dem Modell abgeleitet bzw. getestet werden → *Wenn A, dann ist B zu erwarten.* – (Weiter-) Entwicklung des Modells erfolgt systematisch durch Prüfung der Hypothesen am Original und durch Veränderung des Modells bei falsifizierten Hypothesen	CAMPBELL et al. 2013; KLAHR & DUNBAR 1988; KLAHR 2000; MAHR 2008 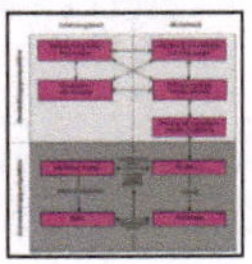

Die vorgeschlagene Typologie gliedert die vier Modellierungsstrategien in zwei Gruppen – erwartungsgeleitete und hypothesengeleitete Vorgehensweisen. Der Unterschied besteht in der Distanz des Modellierenden zu seinen Überlegungen. Während eine Erwartung unmittelbar an den Modellierenden geknüpft und damit stark subjektiv behaftet ist, lässt sich eine Hypothese vom Modellierenden abstrahieren. POPPER (1974) legt den Unterschied anhand eines Beispiels dar:

Der Hauptunterschied zwischen Einstein und einer Amöbe ist der, dass Einstein bewusst auf Fehlerbeseitigung aus ist. Er versucht, seine Theorien zu widerlegen: er verhält sich ihnen gegenüber bewusst kritisch und versucht sie daher möglichst scharf, nicht vage, zu formulieren. Dagegen kann sich die Amöbe nicht kritisch gegenüber ihren Erwartungen [...] verhalten, weil sie sich ihre Hypothesen nicht vorstellen kann: sie sind ein Teil von ihr.

In diesem Sinne zeichnen sich erklärende, beschreibende und technologische Modellierer dadurch aus, dass sie im Modellierungsprozess Erwartungen entwickeln, wie ein Modell unter bestimmten Einflüssen reagiert. Solche Erwartungen sind nicht Gegenstand einer kritischen Prüfung – dies würde eine Distanz zur eigenen Erwartung voraussetzen, die bei erwartungsgeleiteten Modellierern nicht angenommen wird. Subjektiv behaftete Vermutungen innerhalb der Herstellungsperspektive werden daher „Erwartungen" genannt. Der prognostische Modellierer hingegen modelliert hypothesengeleitet, d.h. mit einer kritischen Distanz zu seinen Hypothesen, die als objektive Formen einer Erwartungshaltung zu verstehen sind. Auf diese Weise gelangt er in die Anwendungsperspektive, die im Sinne POPPERS (1934) auf Falsifikation angelegt ist. Eine gezielte Prüfung der Hypothese und eine Veränderung des Modells im Zuge einer Falsifikation sind somit nur von prognostischen Modellierern zu erwarten. Objektivierte Vermutungen über zukünftige Daten, die aus dem Modell abgeleitet werden, werden daher „Hypothesen" genannt. Beide Formen können vage formuliert sein oder nur implizit einer Äußerung zugrunde liegen.

Bislang wurde gezeigt, dass es sowohl für Modelle als auch für Modellierungsprozesse empirische Studien gibt, in denen das epistemologische Verständnis von Schülerinnen und Schülern sowie Lehrerinnen und Lehrern untersucht wurde. Gleichwohl ist bislang weder untersucht worden, auf welche Strategien beim Modellieren zurückgegriffen wird, noch welcher Zusammenhang zwischen dem metakognitiven Wissen über Modelle und dem Modellieren als Prozess besteht (CHENG & LIN 2015). Aus den bisherigen Ausführungen ergeben sich somit die folgenden drei Fragstellungen.

3 Fragestellungen und Hypothesen

3.1. F₁: Wie ausgeprägt ist das Modellverstehen bei den Probanden?

H₁: *Das Modellverstehen ist durchschnittlich ausgeprägt (Niveaustufe II) und bei Master-Studierenden ausgeprägter als bei Bachelor-Studierenden.*

Empirische Studien haben gezeigt, dass Lehramtsstudierende größtenteils über kein elaboriertes Verständnis über die Natur der Naturwissenschaften im Allgemeinen (BELL, MATKINS & GANSNEDER 2011) und Modelle bzw. Modellierungsprozesse im Besonderen (CRAWFORD & CULLIN 2004) verfügen. Dabei haben REINISCH & KRÜGER (2014) gezeigt, dass dies im Besonderen für diejenigen Studierenden gilt, die bislang vorwiegend fachwissenschaftliche und noch kaum fachdidaktische Studieninhalte kennengelernt haben. Diese Befunde werden durch die Längsschnittstudie von HARTMANN, UPMEIER ZU BELZEN, KRÜGER & PANT (2015) bzw. MATHESIUS, UPMEIER ZU BELZEN & KRÜGER (2014) gestärkt.

Diesbezüglich haben BELL, MATKINS & GANSNEDER (2011) anhand einer Stichprobe mit Lehramtsstudierenden für Grundschulen gezeigt, dass Interventionen, in denen explizit über die Natur der Naturwissenschaften reflektiert wird, zu einem signifikant elaborierteren Verständnis führen. Da Bachelor-Studierende im Rahmen der Biologiedidaktik noch keine derartigen Seminare besucht haben, kann davon ausgegangen werden, dass die Probanden vorwiegend über kein ausgeprägtes Modellverstehen verfügen.

Konkret wird erwartet, dass die Antworten der Probanden auf die offenen Fragen vorwiegend auf Niveaustufe II einzuordnen sind. Dies entspräche einem medialen Umgang mit Modellen zur Veranschaulichung oder Erklärung biologischer Phänomene (UPMEIER ZU BELZEN & KRÜGER 2010). Empirisch gestützt wird dies durch die Befunde von KRELL & KRÜGER (2016).

3.2. F₂: Welche Modellierungsstrategien wenden angehende Biologielehrkräfte beim Lösen naturwissenschaftlicher Problemstellungen an?

H₂: *Angehende Biologielehrkräfte modellieren vorwiegend erwartungsgeleitet.*

Ausgehend von den verschiedenen Ansätzen, Modellierungsstrategien zu beschreiben (KLAHR & DUNBAR 1988; JUSTI & GILBERT 2003 CAMPBELL et al. 2013), werden überwiegend erwartungsgeleitete Modellierungsprozesse erwartet (vgl. Tab.3).

© Springer Fachmedien Wiesbaden GmbH, ein Teil von Springer Nature 2019
L. Großmann, *Modellverstehen und Modellieren an einer Blackbox*,
BestMasters, https://doi.org/10.1007/978-3-658-25282-3_3

Die Befunde von KRELL & KRÜGER (2016) zeigen, dass ca. 90 % der untersuchten ausgebildeten Lehrkräfte naturwissenschaftlicher Fächer kein elaboriertes Modellverstehen im Sinne einer Forschungsperspektive einnehmen und Modellieren dementsprechend nicht als Methode der naturwissenschaft-lichen Erkenntnisgewinnung verstehen. Es ist daher davon auszugehen, dass die untersuchten angehenden Biologielehrkräfte überwiegend ohne Generierung von Hypothesen modellieren (VAN DRIEL & VERLOOP 1999; KRELL, WALZER, HERGERT & KRÜGER 2017).

Bezogen auf die in Tab.3 vorgeschlagene Typologie von Modellierungsstrategien werden insbesondere erklärende und technologische Modellierungsprozesse erwartet, d.h. die Probanden modellieren ohne Formulierung einer Hypothese, unterscheiden sich jedoch u.a. in der Intensität, in der sie an einem einmal bestehenden, initialen Modell (CLEMENT 1989) festhalten. Während erklärende Modellierer intensiv mit dem Original arbeiten und Daten erheben, die immer wieder zum Verwerfen eines bestehenden und zur Entwicklung eines neuen Modells führen, versuchen beschreibende Modellierer, ihr initiales Modell im Lichte der neuen Daten weiterzuentwickeln und halten so lange an ihm fest, bis das Modell entweder eine plausible Erklärung für das Original bietet oder bis sich ein Widerspruch zum Original erhärtet, der das Verwerfen des Modells unumgänglich erscheinen lässt.

3.3.   F₃: Inwiefern besteht ein Zusammenhang zwischen dem Modellverstehen (Metakognition) und den angewendeten Modellierungsstrategien (Performanz) bei angehenden Biologielehrkräften?

H₃ₐ: *Ein mediales Modellverstehen (Niveaustufe I/II) begünstigt erwartungsgeleitete Modellierungsprozesse.*

Es kann angenommen werden, dass Probanden, deren metakognitives Wissen sich auf die Herstellungsperspektive nach MAHR (2008) beschränkt, keine Hypothesen aus ihrem Modell ableiten und diese am Original testen (SCHWARZ et al. 2009). Wenn Modelle nicht als „epistemische Artefakte" (KNUUTTILA 2005) aufgefasst werden, dann wird der Modellierungsprozess voraussichtlich nicht epistemologisch ausgerichtet sein.

Daraus ergibt sich nicht zwangsläufig die Erwartung, dass Probanden mit ausgeprägtem Modellverstehen eine elaborierte, hypothesengeleitete Modellierungsstrategie verfolgen. SCHWARZ et al. (2009) weisen darauf hin, dass Modellverstehen als Prädisposition der Performanz und das eigenständige Modellieren häufig als disparate Elemente naturwissenschaftlichen Unterrichts verstanden werden. Insofern ist es denkbar, dass trotz profunder theoretischer Kenntnisse über Modelle eine wissenschaftliche Auffassung vom Modellieren noch nicht internalisiert worden ist und sich somit vorwiegend erwartungsgeleitete Vorgehensweisen zeigen.

H3b: *Fundierte Kenntnisse in den Teilkompetenzen „Zweck", „Testen" und „Ändern" von Modellen begünstigen hypothesengeleitete Modellierungsprozesse.*

Ein Modellierungsprozess erfordert vorwiegend prozedurale Kompetenzen im Bereich der Modellbildung (UPMEIER ZU BELZEN & KRÜGER 2010). Die Teilkompetenzen *„Zweck", „Testen" und „Ändern"* sind daher von besonderer Bedeutung, da sie auf die Frage abzielen, inwieweit die Probanden das Modellobjekt – also ihre Zeichnungen – nutzen (Zweck), wie sie es überprüfen (Testen) und aus welchen Gründen sie es überarbeiten (Ändern). Es wird angenommen, dass ein ausgeprägtes Modellverstehen hinsichtlich dieser drei Teilkompetenzen ein systematisches und hypothesengeleitetes Modellieren begünstigt (SCHWARZ et al. 2009).

Wie KRELL & KRÜGER (2016) gezeigt haben, spielt für den fachdidaktischen Teil des Professionswissens von Biologielehrkräften insbesondere die Teilkompetenz „Testen" eine wichtige Rolle. Ein elaboriertes Verstehen dieser Teilkompetenz (Niveaustufe III) kann demnach als Indikator für einen epistemologischen Umgang mit Modellen angesehen werden. Daher wird erwartet, dass die Modellierungsprozesse dann systematisch und hypothesengeleitet vonstattengehen, wenn ein elaboriertes Modellverstehen bezüglich der drei prozeduralen Teilkompetenzen besteht.

4   Design und Methodik

Das Ziel dieser Arbeit ist es, einen möglichen Zusammenhang zwischen dem theoretischen Verstehen über Modelle und dem Modellieren als Tätigkeit zu untersuchen und dadurch letztlich eine Typologie von Modellierungsstrategien zu entwickeln. Dafür wird vor Beginn der Modellierung das Modellverstehen der Probanden mittels eines Fragebogens erhoben (F_1).

Das Phänomen, anhand dessen der anschließende Modellierungsprozess stattfinden soll, ist eine Blackbox (LEDERMAN & ABD-EL-KHALICK 2002). Es handelt sich dabei um eine schwarze Kiste, die auf der oberen Seite mit Wasser befüllt werden kann (Abb. 4, links). Das Wasser durchfließt den nicht einsehbaren inneren Teil der Blackbox (Abb. 4, rechts) und kommt auf der unteren Seite wieder heraus:

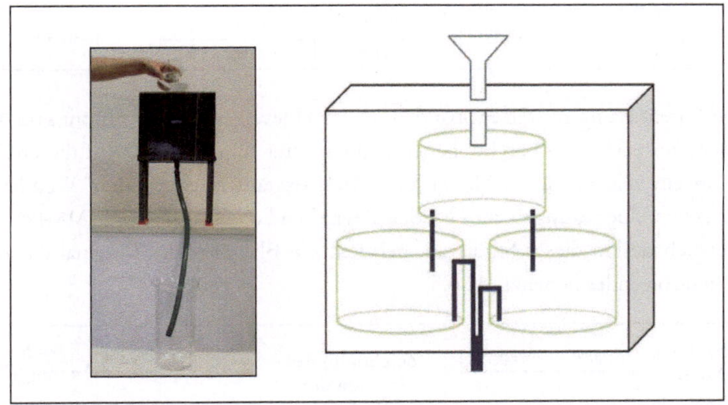

Abb.4 Blackbox. *Links* ein Photo der Blackbox, *rechts* eine schematische Darstellung des inneren Mechanismus. Das Wasser aus dem oberen Gefäß wird zu gleichen Anteilen in die beiden unteren Gefäße geleitet. Von dort wird das Wasser mittels zweier Siphons aus der Blackbox geleitet. Das linke Siphon führt zu einer vollständigen Entleerung ab 550 ml, das rechte Siphon ab 350 ml (beide Abbildungen aus KRELL, WALZER, HERGERT & KRÜGER 2017).

Entscheidend für die Funktionsweise der Blackbox sind die beiden Siphons, die das Wasser aus unteren Gefäßen hinaus leiten, sobald ein bestimmtes Volumen erreicht ist (550 ml links, 350 ml rechts). Die Siphons befördern das Wasser also entgegen der Schwerkraft nach oben und anschließend aus der Blackbox heraus. Da die beiden Siphons bei unterschiedlichen Volumina zu einer Entleerung führen, ergibt sich beispielsweise bei einem mehrfachen Input von 400 ml folgendes Datenmuster (Tab. 4):

Tab.4   Verhalten der Blackbox bei Input von 400 ml. Der Siphon des linken unteren Gefäßes führt ab 550 ml zu einer vollständigen Entleerung, der Siphon des rechten unteren Gefäßes ab 350 ml. Die Entleerung eines Gefäßes ist in Form eines Pfeils markiert. Nach dem sechsten Input von 400 ml ist die Blackbox wieder komplett entleert.

Schritt	Input	Volumen der unteren Gefäße		Output
1	400 ml	links	200 ml	0 ml
		rechts	200 ml	
2	400 ml	links	400 ml	400 ml
		rechts	400 ml →	
3	400 ml	links	600 ml →	600 ml
		rechts	200 ml	
4	400 ml	links	200 ml	400 ml
		rechts	400 ml →	
5	400 ml	links	400 ml	0 ml
		rechts	200 ml	
6	400 ml	links	600 ml →	1000 ml
		rechts	400 ml →	

Einzige Orientierung für die Probanden ist der Hinweis, mit einem Input von 400 ml zu beginnen, der zum oben beschriebenen Datenmuster führen sollte. Auf dieser Grundlage soll dann ein zeichnerisches Modell der Blackbox entwickelt werden. Wendet man die theoretischen Überlegungen zum Modell-Begriff und die Terminologie MAHRS (2008) auf das Versuchsdesign dieser Studie an, bei dem die Blackbox das Original darstellt, dann ergibt sich folgendes Schema (Abb.5):

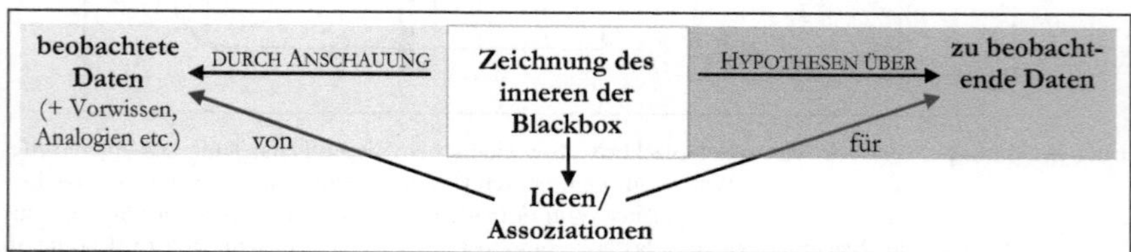

Abb.5 Anwendung des Modell des Modellseins nach MAHR auf die Modellierung mit einer Blackbox. Die Graustufen differenzenzieren die Perspektiven auf das Modellobjekt (weiß), die Herstellung (mittelgrau) und die Anwendung (dunkelgrau).

Durch das Einfüllen von Wasser in die Blackbox und die Dokumentation des Outputs entwickeln die Probanden – ganz gleich ob nach einem systematischen, hypothetisch-deduktiven oder nach einem unsystematischen, explorativen Vorgehen – Assoziationen und Ideen, wie der innere Mechanismus der Blackbox funktionieren könnte. Dieses gedankliche Modell schlägt sich in der Zeichnung nieder, die in diesem Fall als Modellobjekt verstanden werden kann. Durch induktives Vorgehen wird also auf der Grundlage der beobachteten Daten ein Modell entwickelt (= Herstellungsperspektive). Werden dann aus der Zeichnung Hypothesen über das Verhalten der Blackbox bei einem weiteren Input abgeleitet und diese dann getestet, dann wird die Zeichnung aus einer Anwendungsperspektive heraus als „epistemic tool" (RITCHEY 2012) genutzt. Während ersteres nach BAILER-JONES (1999) bloß heuristische Relevanz besitzt, entfaltet sich in letzterem das kreative Potential des Arbeitens mit Modellen, weil es einer naturwissenschaftlich forschenden Perspektive gleichkommt (PASSMORE, GOUVEA & GIERE 2014). Die Blackbox bietet eine geeignete Möglichkeit, eine Parallelisierung mit einem authentischen Forschungsprozess vorzunehmen (LEDERMAN & ABD-EL-KHALICK 1998; KOCH, KRELL & KRÜGER 2015).

Während dieses Prozesses sind die Probanden angehalten, laut zu denken (SANDMANN 2014). Auf diese Weise werden die Gedanken der Probanden während des Modellierungsprozesses sichtbar (F_2). Durch In-Beziehung-Setzen des erhobenen Modellverstehens und des Modellierens kann abschließend ein möglicher Zusammenhang zwischen den beiden Dimensionen von Modellkompetenz hergestellt werden (F_3). Leitend für die Datenerhebung und -auswertung der Modellierungsprozesse ist die qualitative Inhaltsanalyse nach MAYRING (2010), auf deren Grundlage anschließend der Versuch einer empirisch begründeten Typenbildung (KELLE & KLUGE 2010; KLUGE 1999) unternommen wurde. Nach SCHREIER (2014) handelt es sich bei der hier angewandten typenbildenden qualitativen Inhaltsanalyse eigentlich nicht um *ein* Verfahren, sondern um eine Kombination aus deren zwei – einer qualitativen Inhaltsanalyse und einer Typenbildung.

4.1. Stichprobe

Die Stichprobe besteht aus sechs Lehramtsstudierenden, die freiwillig an der Blackbox-Untersuchung teilgenommen haben (Tab.5).

Tab. 5 Beschreibung der Stichprobe (Lehramtsstudierende in Berlin)

Pro-band	Code	Geschlecht	Semes-ter	Studiengang	Fach 1	Fach 2
P1	20151111	männlich	3	Master (M.Ed.)	Biologie	Chemie
P2	20151118	männlich	3	Master (M.Ed.)	Biologie	Chemie
P3	20151123	weiblich	5	Bachelor (B.Sc)	Biologie	Ernährungsw.
P4	20151208	weiblich	3	Master (M.Ed.)	Chemie	Biologie
P5	20161208	männlich	1	Master (M.Ed.)	Geschichte	Biologie
P6	20170109	weiblich	1	Master (M.Ed.)	Biologie	Philosophie

4.2.   Fragestellung 1: Modellverstehen

4.2.1. Datenerhebung

Das Modellverstehen wurde mittels eines Fragebogens mit fünf offenen Fragen erfasst (Anhang 10.1., S.95). Leitend war hierfür das Modell der Modellkompetenz (UPMEIER ZU BELZEN & KRÜGER 2010), dessen fünf Teilkompetenzen durch den Fragebogen abgedeckt wurden. Die fünf Fragen lauteten:

1. *Inwiefern entspricht ein Modell seinem biologischen Ausgangsobjekt?*
2. *Aus welchen Gründen gibt es zu einem biologischen Ausgangsobjekt verschiedene Modelle?*
3. *Welchen Zweck erfüllen Modelle in der Biologie?*
4. *Wie lässt sich überprüfen, ob ein biologisches Modell seinen Zweck erfüllt?*
5. *Nennen Sie Gründe, warum ein gegebenes biologisches Modell verändert wird?*

Die Fragen zielten darauf ab, das kognitive Wissen der Probanden über Modelle zu erheben.

4.2.2. Datenaufbereitung

Die Codierung der Antworten erfolgte ebenfalls auf der Grundlage des Modells der Modellkompetenz (UPMEIER ZU BELZEN & KRÜGER 2010) sowie einer detaillierteren Charakterisierung der einzelnen Teilkompetenzen (KRELL & KRÜGER 2016). Auf diese Weise wurde jedem Probanden pro Teilkompetenz eine Niveaustufe (I, II, III) zugeordnet. Dabei wurde eine Antwort immer auf der höchsten im Text erkennbaren Niveaustufe codiert. Die Antworten von vier der sechs Probanden waren bereits erst- und zweitcodiert, so dass im Rahmen der vorliegenden Arbeit die Antworten der beiden übrigen Probanden P5 und P6 zweitcodiert worden sind. Für die Interrater-Reliabilität ergaben sich bei der Berechnung von *Cohens-Kappa* Werte von 0,47 für P5 und 0,73 für P6. Im ersten Fall handelt es sich um eine unzureichende, im zweiten Fall um eine zufriedenstellende Übereinstimmung (BORTZ & DÖRING 2006, S.277; GREVE & WENTURA 1997; WIRTZ & CASPAR 2002). Da es sich um ein bereits erprobtes Kategoriensystem handelt und die Abweichungen von den beiden Codierern nach Berechnung der Werte diskutiert worden sind, ist der *Kappa*-Wert für P5 als unproblematisch zu betrachten.

4.2.3. Datenauswertung

Die Zuordnung von Niveaustufen für die fünf Teilkompetenzen der Modellkompetenz ermöglichte es, jedem Probanden eine zusammenfassende Einstufung zu geben. Aus den Werten (I, II, III) für die Teilkompetenzen wurde für jeden Probanden der Median ermittelt, der als Indikator für das Modellverstehen gelten kann. Auf diese Weise wurden alle Probanden in die Niveaus *beschränkt, durchschnittlich* oder *stark ausgeprägt* einsortiert.

4.3.   Fragestellung 2: Modellieren

4.3.1. Datenerhebung

Die Probanden wurden während ihrer Arbeit an der Blackbox audio- sowie video- graphiert und wurden dazu angehalten, laut zu denken (SANDMANN 2014), um auf diese Weise die kognitiven Prozesse beim Modellieren zugänglich zu machen. Der eigentlichen Blackbox-Untersuchung waren SANDMANN (2014) folgend eine Instruktion zum lauten Denken sowie drei Übungsaufgaben vorangestellt (Anhang 10.3., S.98) Während des an- schließenden Modellierungsprozesses gab es keinerlei Hinweise zum Vorgehen, da dies die Offenheit des Probanden bei der Bearbeitung beeinträchtigt hätte und keine authenti- sche Modellierung zu beobachten gewesen wäre. Aus diesem Grund gab es auch keine zeitliche Einschränkung.

4.3.2. Datenaufbereitung

Bei der Aufbereitung des somit gewonnenen Datenmaterials wurden die von KRÜGER & RIEMEIER (2014) dargelegten Hinweise zum Umgang mit Interviewdaten be- rücksichtigt. So wurden hinsichtlich der Transkription Glättungen nur behutsam vorge- nommen und auf Kürzungen verzichtet, um den Denk- und Problemlöseprozess der Probanden in seiner Gesamtheit widerzugeben und keine subjektiv gefärbte Reduktion auf vermeintlich zentrale Äußerungen zu liefern. Aus diesem Grunde wurden Rezeptions- signale (z.B. „Mh"), Pausenfüller (z.B. „Äh"), Ausdrücke des Erstaunens (z.B. „Hmm") oder Sprechpausen in der Wortprotokollierung berücksichtigt, da dies für die spätere Auswertung und Interpretation der Daten von Bedeutung sein könnte (KRÜGER & RIEMEIER 2014). Darüber hinaus wurde erfasst, ob sich der Proband während einer Aus- sage an der Blackbox befindet oder ob er an der Tafel steht, an der er sukzessive sein Modell entwickelt. Derartige Informationen können hinsichtlich der Datenauswertung relevant sein. Ausführliche Hinweise zur Transkription aus einem bereitgestellten Transkriptionsleitfaden (nach DRESING & PEHL 2015) wurden dabei berücksichtigt (Anhang 10.2., S.97).

Auf der Grundlage der vorliegenden Transkripte wurden die Aussagen der Probanden systematisch analysiert (MAYRING 2010; KUCKARTZ 2010). Die Codierung der Aussagen erfolgte auf der Grundlage eines deduktiv-induktiv entwickelten Kategoriensystems (Anhang 10.4., S.100). Die deduktiv aus dem Forschungsdiskurs über Modelle gewonnenen Kategorien wurden dabei gegebenenfalls modifiziert bzw. um Kategorien ergänzt, die induktiv[8] aus vorab durchgeführten Probemodellierungen gewonnen werden konnten. Auf diese Weise konnten acht Kategorien beschrieben werden, die sich in realen Modellierungsprozessen beobachten lassen, so dass das Kategoriensystem in der Praxis anwendbar ist. Eine Kategorie entspricht dabei KUCKARTZ (2016) folgend dem „Ergebnis einer Klassifizierung von Einheiten" (S.31) – in diesem Fall den einzelnen Tätigkeiten während der Blackbox-Untersuchung. Das Kategoriensystem dient nach STAMANN, JANSSEN & SCHREIER (2016) dazu, die im Forschungsdiskurs gebildeten Kategorien sowie deren Beziehungen zueinander abzubilden.

Das vorliegende Kategoriensystem umfasst acht Kategorien mit insgesamt 19 Subkategorien, die jeweils unterschiedliche Tätigkeiten beschreiben. Die Subkategorien sind dabei von besonderer Bedeutung, weil sie eine spezifische Analyse der Modellierungsstrategien erst ermöglichen. So ist es beispielsweise innerhalb der Kategorie „Exploration des Systems" eine wichtige Information, ob der Proband rein explorativ Wasser in die Blackbox schüttet, ohne dass eine erkennbare Erwartung für den Output vorläge [Kategorie 2], oder ob der Input mit einer implizit oder explizit zugrundeliegenden Erwartung vorgenommen wird [Kategorie 4].

Gleiches gilt innerhalb der Kategorie „(Weiter-) Entwicklung des Modells", in der u.a. unterschieden wird zwischen einer Veränderung eines bestehenden Modells im Sinne einer auf Analogien basierenden, neuen Idee [Kategorie 9], einer Veränderung aus ästhetischen Gründen in Bezug auf das Modellobjekt [Kategorie 10] oder einer nachträglichen Veränderung in Anbetracht neuer Daten [Kategorie 11]. Diese Differenzierungen dienen auch dem Zweck, die einzelnen Schritte der Probanden während der Untersuchung möglichst trennscharf darstellen und gegebenenfalls eine Systematik in der Vorgehensweise erkennen zu können.

---

[8] Arbeitete man terminologisch präzise, müsste hier und im Folgenden eher von Abduktion als von Induktion gesprochen werden (KELLE & KLUGE 2010, S.21-27). Während Induktion in ihrer radikalsten Form den Schluss von einem konkreten Fall auf eine allgemeine Regel meint, ohne dass irgendeine Form von Vorwissen oder Erfahrungen herangetragen wird, meint Abduktion den Schluss von einem unerwarteten Ereignis auf eine erklärende Regel. Obwohl das Kategoriensystem theoretisch fundiert ist (deduktiv) und um überraschende, neue Elemente im empirischen Material ergänzt worden ist (abduktiv), wird aus pragmatischen Gründen im Rahmen dieser Arbeit dennoch der im Forschungsdiskurs etablierte Begriff „induktiv" verwendet.

Darüber hinaus wird zwischen zwei verschiedenen Arten der Modellprüfung unterschieden: Die „Prüfung auf Konsistenz und Darstellung" zeichnet sich durch einen retrospektiven Abgleich des Modells mit den Daten aus. Ein Modell ist demnach dann konsistent, wenn es die Datenlage widerspruchsfrei abzubilden vermag. Diese Art der Prüfung erfolgt aus der Herstellungsperspektive. Demgegenüber stehen die drei Kategorien „Ableiten von Vorhersage aus Modell", „Prüfung der Vorhersage" und „Ändern bzw. Verwerfen des Modells". Hier geht es explizit um Hypothesen, die aus dem Modell abgeleitet und an der Blackbox überprüft werden. Es handelt sich also um eine prospektive Prüfung, die aus der Anwendungsperspektive heraus erfolgt. Alle weiteren (Sub-)Kategorien inklusive Ankerbeispielen und Codierhinweisen sind dem Anhang 10.4. (S.100) zu entnehmen.

Für die in dieser Arbeit untersuchten Probanden lagen bereits sämtliche Transkripte sowie vier Erst- und Zweitcodierungen vor. Die zwei übrigen Transkripte wurden in dieser Arbeit zweitcodiert. Als Maß für die Interrater-Reliabilität wurde auch hier *Cohens-Kappa* verwendet. Es ergab sich mit *Kappa*-Werten von 0,84 (P5) und 0,75 (P6) eine gute bis ausgezeichnete Interrater-Reliabilität (BORTZ & DÖRING 2006, S.277; GREVE & WENTURA 1997; WIRTZ & CASPAR 2002), so dass auf eine zufriedenstellende Eignung des Kategoriensystems geschlossen werden kann (HAMMANN & JÖRDENS 2014). Für *Cohens-Kappa* werden in der oben genannten Literatur unterschiedliche Werte angegeben, bei denen eine akzeptable Übereinstimmung gegeben ist. Die vorliegenden Werte mit $\varkappa \geq 0{,}75$ bezeugen in jedem Fall eine gute bis ausgezeichnete Interrater-Reliabilität. Diejenigen Items mit unterschiedlicher Erst- und Zweitcodierung wurden nach der Berechnung der *Cohens-Kappa*-Werte diskutiert und auf diese Weise ein Konsens erzielt.

Die Codierung erfolgte mithilfe der Software *MAXQDA*. Die Aussagen der Probanden wurden den im Kategoriensystem definierten und exemplifizierten Kategorien zugeordnet. Die Codiereinheiten wurden dabei vom Erstcodierer festgelegt. Für jeden Probanden ergibt die Codierung letztlich ein Muster an Tätigkeiten, das während der Blackbox-Untersuchung zu beobachten ist. Diese Muster werden von *MAXQDA* als Codelines generiert und liefern die Grundlage für die Explikation der Modellierungsstrategien.

4.3.3. Datenauswertung

Die Probanden wurden auf der Grundlage ihrer in den Codelines erkennbaren Aktivitätsmuster beschrieben. Auf diese Weise wurde versucht, sie den in Kapitel 2 beschriebenen, hypothetischen Modellierungsstrategien zuzuordnen. Dabei lag der Fokus weniger auf einer „subsumptive[n] Indizierung", d.h. einer bloßen Zuordnung der empirischen Daten zu den o.g. Strategien, sondern auf einer „abduktive[n] Codierung", d.h. einem deskriptiven Zugang (REICHERTZ 2003; KELLE & KLUGE 2010). Die sechs Probanden wurden hinsichtlich ihrer Ähnlichkeiten und Unterschiede analysiert und auf dieser Grundlage zu Typen zusammengefasst (KUCKARTZ 2016). Unter dem Begriff „Typus" wird ganz allgemein eine Gruppe von Elementen verstanden, die sich hinsichtlich bestimmter Merkmale möglichst ähnlich sind und sich dabei möglichst stark von den Elementen eines anderen Typus unterscheiden (KLUGE & KELLE 2010, S.85f.; KUCKARTZ 2010).

Die Definition des so genannten „Merkmalsraums", also all derjenigen zur Typenbildung genutzten Merkmale, ist in diesem Fall überaus komplex. Sämtliche Informationen über das Vorgehen während der Modellierung sind als Merkmale des n-dimensionalen Merkmalsraumes aufzufassen (KUCKARTZ 2016, S.146f.) – in diesem Fall also sämtliche Tätigkeiten während der Blackbox-Untersuchung. Der Merkmalsraum umfasst folglich neben der Abfolge der Tätigkeiten aus dem Kategoriensystem beispielsweise auch die Häufigkeit, die eine Tätigkeit ausgeübt wird oder die Dauer, die ein Proband mit einer Tätigkeit verbringt.

Der Fokus liegt im Rahmen dieser Arbeit allein auf der Abfolge der Tätigkeiten, so dass vor dem Hintergrund der Tätigkeitsmuster der Probanden eine typologische Klassifikation von Modellierungsstrategien vorgeschlagen werden kann.

4.4. Fragestellung 3: Zusammenhang von Modellverstehen und Modellieren

Zur Untersuchung eines möglichen Zusammenhangs von Modellverstehen und Modellieren wurden die Transkripte auf der Grundlage der generierten Codelines im hermeneutischen Sinne analysiert (MAYRING 2010; KUCKARTZ 2010) und versucht, Schlüsselstellen innerhalb der verbalen Selbstbeschreibung des Modellierungsprozesses durch die Probanden zu analysieren. In diesem Fall wurde bewusst eklektizistisch und exemplarisch vorgegangen, so dass nicht alle sechs Transkripte in extenso analysiert wurden, sondern nur auffällige Konstellationen. Dabei konnte es sich beispielsweise um Probanden mit ausgeprägtem Modellverstehen (z.B. insbesondere in den Teilkompetenzen „Zweck", „Testen" und" Ändern") handeln, die während der Modellierung explizit die beschreibende oder erklärende Perspektive auf Modelle betonen. Derartige Fälle werden überblicksartig dargestellt.

Auf dieser Grundlage wurde für jeden Probanden das Prozessschema naturwissenschaftlicher Erkenntnisgewinnung durch Modellieren (Abb. 3) auf die Modellierungsprozesse angewendet und die Codierung der Niveaustufen an den entsprechenden Stellen vermerkt. Grundlage für die Entscheidung, zwischen welchen Tätigkeiten Pfeile gezeichnet werden und ob diese gegebenenfalls uni- oder bidirektional zu sein haben, sind die Codelines und damit die Abfolge der Tätigkeiten. Dabei gilt jedoch zu berücksichtigen, dass sich nicht jedes Aufeinanderfolgen zweier Tätigkeiten in den Codelines zwangsläufig als Pfeil im Prozessschema niederschlagen muss, da erst eine genauere Betrachtung der jeweiligen Blackbox-Untersuchungen zeigt, ob die Beziehung zwischen zwei Tätigkeiten tatsächlich maßgeblich für den Modellierungsprozess ist und dann mit einem Pfeil vermerkt wird (i), oder ob eine solche Beziehung nur singulär auftaucht und daher im Prozessschema zu vernachlässigen ist (ii):

(i)   Entwickelt ein Proband sein Modell beispielsweise vorwiegend datenbasiert, dann zeigt sich dies in der Codeline an der Abfolge von als „Exploration des Systems" und als „Entwicklung eines initialen Modells" codierten Tätigkeiten. Zeigt sich bei Prüfung des Transkripts, dass der Proband bei der Modellierung explizit auf die beobachteten Daten Bezug nimmt, dann wird dies im Prozessschema mit einem Pfeil vermerkt.

(ii) Entwickelt ein Proband sein Modell weitgehend ohne Bezug zu den Daten, die in der Exploration erhoben worden sind, dann wird kein Pfeil zwischen „Explora-tion des Systems" und „Entwicklung eines initialen Modells" eingezeichnet. P2 beispielsweise entwickelt zahlreiche Analogien, die losgelöst von den Daten entwickelt werden. Gleichwohl wird bei insgesamt zwanzig entwickelten Analogien immerhin zweimal ein Bezug zum Datenmuster hergestellt. Hielte man sich streng an die objektive Herangehensweise, müsste im entsprechenden Prozessschema folglich ein Pfeil gesetzt werden (z.B. aufgrund von Abs.119-120). Da der Bezug zwischen Daten und Analogie allerdings nur beiläufig vorkommt und keineswegs Grundlage für die Entwicklung des Modells ist, findet sich entsprechend keine Verbindung zwischen diesen beiden Tätigkeiten im Prozessschema.

Darüber hinaus wird zur Illustration das finale Modell der Probanden schematisch dargestellt. Dies lässt Rückschlüsse darüber zu, inwieweit sich die Probanden mit ihrem jeweiligen Vorgehen dem Original (Abb. 4) angenähert haben.

5 Ergebnisse

5.1. Fragestellung 1: Modellverstehen

In den Antworten der Probanden (Anhang 10.1., S.95) lässt sich insgesamt ein durchschnittlich bis stark ausgeprägtes Modellverstehen in der Stichprobe nachweisen (Tab.6).

Tab. 6 Übersicht über die Kompetenzniveaus der Probanden. Die Codierungen (I,II,III) entsprechen den Niveaustufen des Kompetenzmodells der Modellkompetenz nach UPMEIER ZU BELZEN & KRÜGER 2010 sowie KRELL, KRÜGER & UPMEIER ZU BELZEN 2016. Die Graustufen differenzenzieren die Perspektiven auf das Modellobjekt (hellgrau), die Herstellung (mittelgrau) und die Anwendung (dunkelgrau). Antworten, die mithilfe des Kompetenzmodells nicht codiert werden können, sind mit (*) markiert.

Teilkompetenzen der Modellkompetenz	P1	P2	P3	P4	P5	P6
Eigenschaften von M.	II	II	II	II	II	II
Alternative M.	III	II	II	II	II	II
Zweck von M.	III	III	II	III	II	II
Testen von M.	III	III	II	(*)	III	(*)
Ändern von M.	II	III	II	II	II	II
Median	III	III	II	II	II	II
Modellverstehen	ausgeprägt			durchschnittlich		

Dabei zeigen sich jedoch deutliche Unterschiede zwischen den Probanden sowie zwischen den Teilkompetenzen. Alle sechs Probanden argumentieren hinsichtlich der Eigenschaften von Modellen auf Niveaustufe II. Unter den Probanden herrscht Konsens, dass Modelle ihrem Original „in den meisten Eigenschaften nicht entsprechen müssen" (Eigenschaften-P1), da sie „vereinfacht die wichtigsten […] Aspekte veranschaulichen und erklären" (Eigenschaften-P2) sollen. Auffällig ist, dass P3 und P5 zwar auch betonen, dass ein Modell seinem Original niemals vollständig gleicht, sondern es nur idealisiert repräsentiert, gleichwohl führen sie aus, dass Modelle „als Abbildungen eines biologischen Objekts dienen, d.h. die Realität möglichst genau aufzeigen" (Eigenschaften-P5) bzw. „Mechanismen o.ä. veranschaulichen" (Eigenschaften-P3) sollen. Somit wird hinsichtlich des Zwecks von Modellen eigentlich auf Niveaustufe I argumentiert.

Dies spiegelt sich explizit in den Antworten zur dritten offenen Frage wider. Diese wurden für P3, P5, und P6 auf Niveaustufe II codiert, wenngleich sie nur implizit zum Ausdruck bringen, dass Modelle zur Erklärung von Zusammenhängen im Ausgangsobjekt genutzt werden. Hauptsächlich wird argumentiert, dass Modelle „der Veranschaulichung"

(Zweck-P3; Zweck-P6) dienen. Dem gegenüber stehen P1, P2 und P4, die den epistemologischen Zweck von Modellen als Mittel zur Generierung neuer Erkenntnisse durch Hypothesenbildung und -überprüfung ansprechen.

Darüber hinaus unterscheiden sich die Probanden maßgeblich hinsichtlich der Teilkompetenz „Testen von Modellen". Während P1, P2 und P5 auf die Entwicklung von Hypothesen abzielen, die man aus dem Modell ableiten und überprüfen kann, parallelisiert P3 mit dem Original und argumentiert auf Niveaustufe II. Modelle müssten demnach dahingehend geprüft werden, ob sie „einen Sachverhalt richtig oder zumindest verständlich darstellen" (Testen-P3). Die Antworten von P4 und P6 lassen sich mit dem Kompetenzmodell nicht codieren, denn beide schlagen eine Befragung vor, bei der Menschen ihren eigenen Erkenntnisgewinn, den sie aus dem Modell ziehen, beschreiben sollen. Dies könne dann mit dem eigentlichen Zweck des Modells verglichen werden.

Insgesamt fällt auf, dass die Probanden nur teilweise auf Niveaustufe III einzuordnen sind. Gerade in Bezug auf die drei prozeduralen Teilkompetenzen „Zweck", „Testen" und „Ändern" wird nicht konsistent argumentiert. P4 beispielsweise nennt als Zweck bereits die Überprüfung von Hypothesen, bezieht sich beim Testen und Ändern jedoch nicht auf eine Hypothesenprüfung, sondern auf eine Revision durch neue Erkenntnisse über das Original. Ebenso bemerkenswert ist P5, der die Voraussagekraft von Modellen beim Zweck nicht erwähnt, beim Testen jedoch das „Aufstellen und Überprüfen von Hypothesen" (Testen-P5) vorschlägt. Geändert werde das Modell dann wiederum, wenn neues Wissen über das Original generiert wurde.

In Anbetracht der in Kapitel 6 dargestellten methodischen Probleme sowie den sich daraus ergebenden Schwierigkeiten, eine tatsächliche Einordnung der Probanden in Kompetenzniveaus vorzunehmen, wird in den folgenden beiden Teilkapiteln explizit der Modellierungsprozess beschrieben (Kap. 5.2.) und darauf aufbauend für jeden Probanden ein Prozessschema vorgeschlagen, das auch auf die Teilkompetenzen der Modellkompetenz Bezug nimmt (Kap. 5.3.). Einige in diesem Abschnitt dargestellte Unstimmigkeiten hinsichtlich der Argumentation der Probanden könnten sich somit relativieren oder manifestieren.

5.2. Fragestellung 2: Modellieren

P1 zeigt während der Blackbox-Untersuchung drei Phasen: eine erste Exploration, eine Modellierungsphase und eine zweite Exploration (Abb.7a, S.43).

Zunächst exploriert P1 die Blackbox in drei Durchgängen. Dabei füllt er jeweils 400 ml Wasser in die Blackbox und versucht in der Abfolge von Input und Output ein Muster zu identifizieren (Kategorien 2-4). Dies geschieht in drei Durchgängen, so dass er sein Vorgehen aus dem ersten Durchgang zunächst replizieren möchte und dies explizit begründet:

> Um sicherzugehen, dass da nicht irgendwas Mystisches drin passiert, werde ich es einfach nochmal wiederholen und mir angucken, ob genau das Gleiche passiert oder irgendetwas anderes. [Abs.8; Kategorie 4]

Der zweite und dritte Durchgang zeigen ein anderes Ergebnis als der erste Durchgang, so dass P1 im Anschluss an diese Explorationsphase ein Modell allein auf der Grundlage des zweiten und dritten Durchgangs entwickelt. Dieses Modell kann die Beobachtungen aus dem zweiten und dritten Durchgang erklären, allerdings mit einer Einschränkung:

> Die ersten Ergebnisse klammere ich aus, die interessieren mich erstmal wenig. [Abs.31; Kategorie 3]

Auf dieser Grundlage entwickelt P1 in der Folge insgesamt neun verschiedene Modelle, die jeweils fortwährend modifiziert werden. Leitend ist jeweils der Gedanke, ein Modell zu entwickeln, das nachträglich die zuvor gemachten Beobachtungen erklären kann. Die Modellierungsphase ist also bestimmt von einem steten Vergleich zwischen dem Modell und den beobachteten Daten [Kategorie 12]:

> [...] Eine Spirale funktioniert nicht. Die würde auch nicht leer laufen, wegen dem Wasserdruck. [Abs.55; Kategorie 6]

> Wenn ich sage, ich hätte ein „U" da drin. Und der Schlauch geht einfach von oben bis nach unten und macht ein „U". Und in den Schlauch passen – [...]. [Abs.56; Kategorie 7]
> Nein, zwei „U's". Ergibt das überhaupt Sinn? Wahrscheinlich wieder nicht. [Abs.56; Kategorie 8]

> Hier rein passen – Nee, das ist Schwachsinn. Nein. Oder? Dann müsste der im Endeffekt schon gefüllt gewesen sein. Nee, wieso sollte der dann leerlaufen. [Abs.58; Kategorie 12]

P1 vergleicht also seine Beobachtungen und sein bisheriges Modell und prüft, ob das Modell die Datenlage konsistent abzubilden vermag. Sämtliche der in der Modellierungsphase nach diesem Vorgehen entwickelten Modelle lösen jedoch ein Problem nicht, das P1 nach der Exploration festgestellt hat:

> Was ich nicht verstehe ist, warum mehr Wasser rausfließen kann, als ich in einem Moment reingebe. Wie soll das funktionieren? [Abs.46; Kategorie 1]

Daher versucht P1 verschiedene Lösungswege zu entwickeln, mit denen er sowohl diese Eigenschaft der Blackbox als auch die Daten aus den verschiedenen Durchgängen erklären kann. Die abschließende Explorationsphase dient folglich erneut dazu, seine Beobachtungen aus den ersten Durchgängen zu replizieren. Da es nicht gelingt, ein Modell zu entwickeln, das sämtliche Daten erklären kann, konstatiert er:

> Ich sage doch, es ist absolut random. [...] Wieso habe ich beim ersten und beim vierten Mal etwas anderes gemessen? [...] Dann kann ich eigentlich nur die Messungen ausklammern. [...] Ich kann mir aber auch nicht erklären, wie die Ergebnisse zustande kommen. [Kategorie 1]

Der Modellierungsprozess endet also mit dem Unverständnis über die nicht konsistenten Beobachtungen. Sein finales Modell wird in Abb. 6a dargestellt.

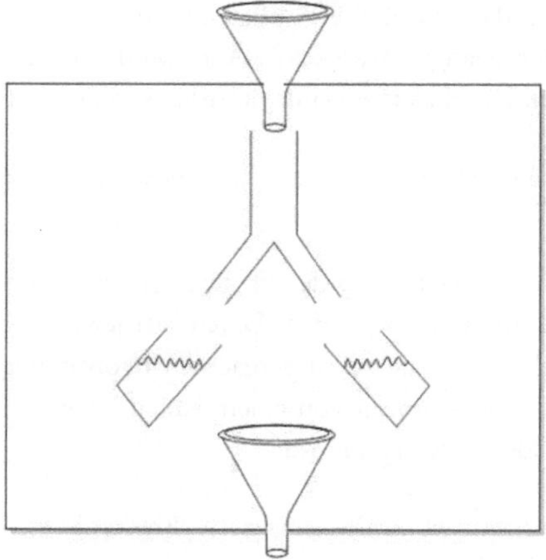

Abb. 6a Finales Modell von P1 (idealisierte Repräsentation des Verfassers).

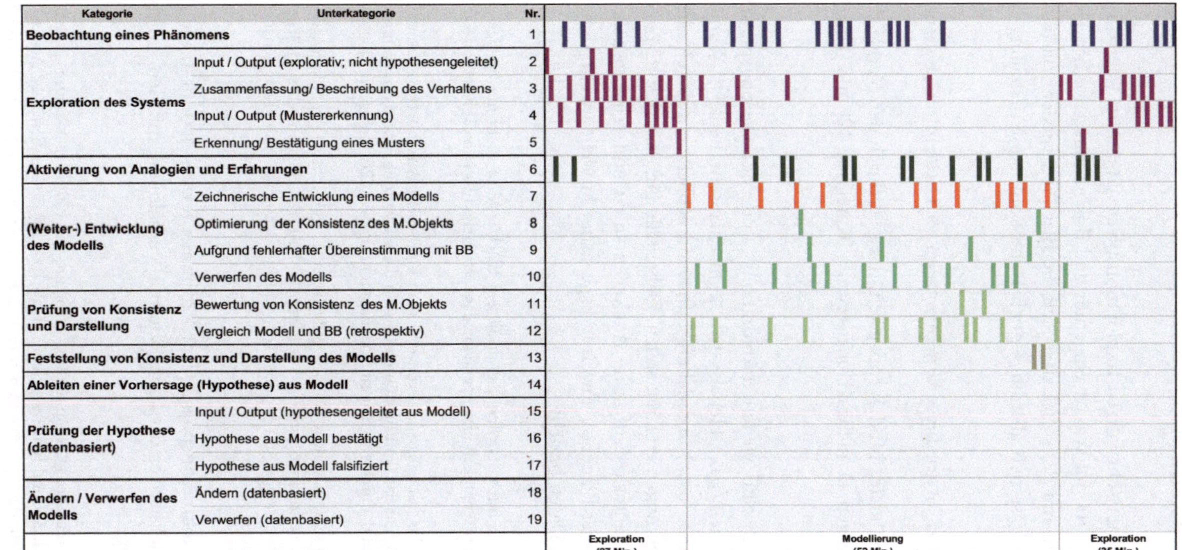

Abb.7a Codeline von P1 zur Veranschaulichung des Aktivitätsmusters bei der Blackbox-Untersuchung.

Die Untersuchung von P2 lässt sich als dreifache Abfolge von Explorations- und Modellierungsphasen betrachten (Abb.7b, S.47).

P2 beginnt mit einer sehr kurzen Explorationsphase, in der unsystematisch Mengen zwischen 400 ml bis 700 ml Wasser eingefüllt und dokumentiert werden (Kategorien 2 und 3). Dies geschieht mit dem Ziel, dass sich die Blackbox wieder vollständig entleert. Aus den Messwerten lässt sich allerdings noch keine konkrete Vorstellung über den Mechanismus folgern:

> Ein System ergibt sich daraus für mich trotzdem noch nicht. [Abs.17; Kategorie 3]

Dennoch wird ein erstes Modell entwickelt, das sich durch den Vergleich mit den vorherigen Beobachtungen als nicht adäquat erweist [Kategorie 12] und daher verworfen wird [Kategorie 10].

Es folgen abwechselnd weitere Explorations- und Modellierungsphasen, in denen P2 zahlreiche Analogien (z.B. „Hebelsystem", „mechanische Feder", „Wanne", „Spiralensystem", „Saugabfluss" usw.) und darauf aufbauend Modelle entwickelt, die seine vorab gemachten Beobachtungen erklären sollen. Dabei fällt auf, dass sich P2 bei der Entwicklung der Modelle ausnahmslos auf seine Analogien stützt und seine visuellen und auditiven Sinneseindrücke der Blackbox zur Grundlage seiner Modelle macht, sich dabei jedoch nie auf gewonnenen Daten bezieht:

> Denn ich könnte mir vorstellen, das in diesem Blackboxding nicht nur einfach so der Trichter ist, sondern wahrscheinlich hier irgendwie das erste Behältnis [Abs.7; Kategorie 7]

> Also beim Abfluss ist es ja so, also, wenn man hier so ein Waschbecken hat, dann läuft ja hier das Wasser ein und das läuft hier unten lang, in diese Richtung, und dann läuft im Gegenzug ein Luftstrom. Und dadurch entsteht ein sogenannter Sog. [Abs.26; Kategorie 7]

> Ich hatte auch schon überlegt, was ich gedacht hatte, vielleicht so ein Spiralensystem. Irgendwie so Röhren, die so in einer Spirale, so wie eine Alpha-Helix, angeordnet sind. Irgendwie eine bestimmte Länge haben. Kann ja sonst wie, kann ja irgendwie ganz dicht gepackt sein oder so. [Abs.57; Kategorie 7]

In der dritten Explorationsphase plant P2, immer jeweils 400 ml in die Blackbox zu füllen. Dabei parallelisiert er die Input/Output-Verhältnisse mit den Ergebnissen aus dem ersten Durchgang:

> Also 400 ml rein. So, jetzt bin ich mal gespannt, wie viel da rauskommt. […] Beim letzten Mal haben wir 500 [ml hineingegeben], ergab 1000 ml, 500 kamen raus. Also ist die Menge rausgekommen, die wir reingegeben haben. Bin ich ja mal gespannt, ob das jetzt auch so ist. [Abs.32; Kategorie 4]

Die Inkonsistenz der Beobachtungen aus den beiden Durchgängen führt dazu, dass P2 den Nutzen der neuen Ergebnisse infrage stellt:

> Äh okay. […] Was ist das denn? So ein blöder Mist! […] Ok, also es ist auf jeden Fall nicht so, wie bei meinem anderen Mal, dass die gleiche Menge rausgekommen ist. Wenn jetzt 400 ml rausgekommen wären, dann könnte man wenigstens noch ein paar Erkenntnisse daraus gewinnen, aber jetzt 460 ml?! [Abs. 33; Kategorie 1]

In zwei weiteren Durchgängen untersucht P2, wie sich die Blackbox zum einen bei einem in Fünfzigerschritten ansteigenden Input (400 ml, 450 ml usw.) verhält, zum anderen bei einmaligen Einschütten von zwei Litern. Dabei ist auffällig, dass P2 nicht ganz sicher ist, ob die Blackbox eigentlich wieder leer ist oder ob sich noch Wasser in ihr befindet:

> Das ist aber scheiße, ich glaube das Ding war gerade leer. Ich glaube, ich habe einen Fehler gemacht, ich habe mich hier irgendwie einmal verschrieben. Ich glaube das Ding war wirklich leer. […] Okay, ich glaube, dann war das Ding jetzt leer. [Abs.92f.; Kategorie 3]

P2 glaubt aufgrund von Beobachtungen, die er hier selbst inzwischen nicht mehr für valide hält, einen Dreierrhythmus als Muster erkennen zu können, den er dann vergebens weiterhin überprüft. Auch diese Idee muss P2 dann jedoch verwerfen [Abs.98]. Obwohl keines der Modelle einer nachträglichen Prüfung an der Blackbox standhalten konnte, resümiert P2:

> Ich habe irgendwie das Gefühl, dass ich nicht so weit weg bin. Aber irgendwie fehlt mir noch so der richtige Schluss daraus. Ich weiß es aber nicht. [Abs.117; Kategorie 1]

Diese Einschätzung gründet sich auf singuläre Momente, in denen P2 ein bereits bekanntes Verhalten der Blackbox aus einem früheren Durchgang wiedererkennt. Da sich die Ergebnisse eines Durchgangs aufgrund der unterschiedlichen Input/Output-Verhältnisse nie replizieren ließen, werden sämtliche Modelle wieder verworfen. Sein finales Modell zeigt Abb.6b.

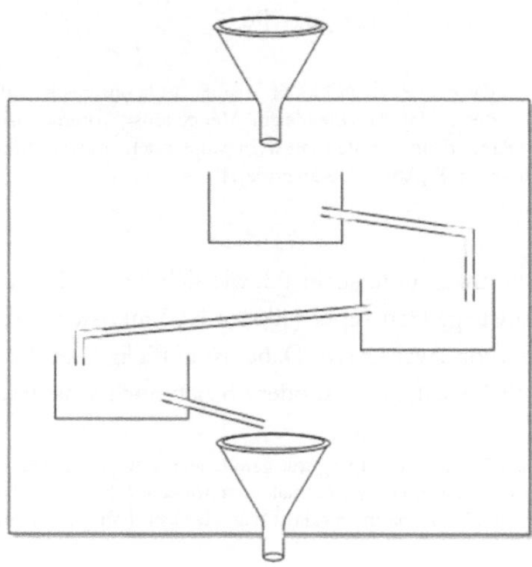

Abb. 6b Finales Modell von P2 (idealisierte Repräsentation des Verfassers).

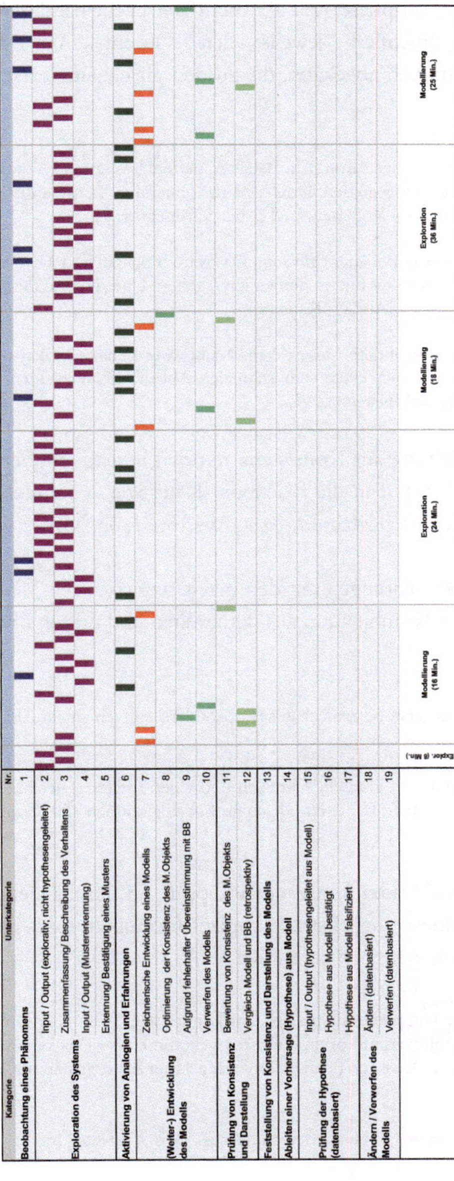

Abb.7b Codeline von P2 zur Veranschaulichung des Aktivitätsmusters bei der Blackbox-Untersuchung.

P3 zeigt bei der Untersuchung fünf Phasen: Exploration – Modellierung - Entwicklung von Hypothesen – Modellierung – Entwicklung von Hypothesen (Abb. 7c, S.51).

In der ersten Explorationsphase füllt P3 mehrfach nacheinander 400 ml Wasser in die Blackbox und dokumentiert jeweils den Output. Aus den Beobachtungen werden dann Assoziationen abgeleitet, die zu drei gleichzeitig existierenden, alternativen Modellen führen:

> In der Blackbox ist irgendwas drin. Ein Behälter, der ein bestimmtes Volumen umfasst und wenn zu viel Wasser reingegossen wird, wird das abgeführt. [...] Da drin ist ein Behälter-Zwischen 400 und 600 ml Volumen. [...] [Abs.15; Kategorie 7]

> Es könnten ja auch zwei Behälter drin sein. Das wäre möglich. [...] Theoretisch könnte der Zulauf in den einen Behälter und in den anderen gehen. Und die sind durch irgendwas miteinander verbunden. [...] [Abs.21; Kategorie 7]

> Es gibt auch noch eine andere Möglichkeit. Nicht zwei Behälter. Okay, ein Behälter. Ein spezieller Behälter, der hier einen sehr schmalen Ablauf hat, hier einen breiteren Ablauf und hier voll ist. [Abs.31; Kategorie 7]

Eine nachträgliche Prüfung auf Konsistenz mit den bereits erhobenen Daten [Kategorie 12] sowie ein weiterer Input in die Blackbox [Kategorie 2] führen dazu, dass die ersten Modelle verworfen werden [Kategorie 10, s. Abs.18, 31, 33, 35].

Der Vergleich der Beobachtungen mit den bereits verworfenen Modellen führt zu einem neuen Modell, das eine Kombination aus der zweiten und dritten oben genannten Variante darstellt:

> Das könnte sein. Gar kein Kippmechanismus, sondern einfach so ein Ablauf. [Abs.43; Kategorie 6]

> So, der Zulauf trennt sich in einen schmalen und einen breiten. Hier haben wir einen Behälter, hier haben wir einen Behälter. Gleich groß, beide können 400 ml umfassen. [Abs.45; Kategorie 12]

Inwieweit dies mit den Daten konsistent ist, prüft P3 anschließend hypothesengeleitet. Dabei wird die Hypothese zunächst nur implizit formuliert, sie liegt der an-schließenden Blackbox-Untersuchung dennoch zugrunde:

> Es fließt immer die komplette Menge ab. Das könnte sein. Fehlt aber noch, warum, wenn man 400 ml reinkippt, warum vorhin mehr rausgekommen ist. Das kann aber auch ein Beobachtungsfehler sein. Dass ich doch 600 ml reingekippt habe, anstatt 400 ml. [Abs.46; Kategorie 12]

> Okay, dann probieren wir das Ganze nochmal aus. [Abs. 47; Kategorie 15]

Hier wird folglich nicht nochmal exploriert, sondern auf der Grundlage einer Hypothese untersucht, ob sich die Blackbox so verhält, wie es P3 aus dem Modell zu diesem Zeitpunkt ableiten kann. Die nun explizit formulierte Hypothese bestätigt sich nicht:

> Okay, jetzt kommt gar nichts mehr raus. Das heißt, das kann nicht stimmen. Also jetzt müssten ja 800 ml rauskommen, 400 kommen raus. Fast 500. Okay. [Abs.48; Kategorie 48]

Aus der somit falsifizierten Hypothese nimmt P3 eine datenbasierte Änderung ihres Modells vor:

> Das kann es nicht sein. Beziehungsweise nur ansatzweise. […] Es scheint so, es könnte passen. Aber es kann auch sein, dass nicht nur hier Wasser abläuft, sondern dass von hier Wasser in ein größeres Auffangbecken auch nochmal reinfließt. Das würde erklären, warum nach einer gewissen Zeit, wenn man das ganz schnell hintereinander macht, warum, das dann überläuft. […] Das heißt, es muss hier unten auch wieder noch ein Becken geben. [Abs.49; Kategorie 18]

Nach einer anschließenden Prüfung des Modells auf Konsistenz [Absatz 50; Kategorie 12] und einer weiteren sich daraus ergebenden Änderung am Modell [Abs. 51; Kategorie 9] leitet P3 eine weitere Hypothese ab:

> Okay, probieren wir mal aus, ob das passen kann. […] Nach meiner Theorie dürften, wenn ich 400 ml reingieße, nicht 400 ml rauskommen. [Abs.53; Kategorie 14]

Die Erwartung bestätigt sich jedoch nicht. P3 nimmt dies allerdings nicht zum Anlass, das Modell zu verändern oder eine weitere Hypothese zu überprüfen, sondern beginnt mit einer neuerlichen Exploration. Die dabei neu gewonnenen Daten führen mit den bereits zuvor erhobenen Daten zu einem allgemeinen Muster:

> Okay, wir wissen: Man kippt was rein, es kommt was raus. Wir kippen was rein, es kommt nichts raus. Wir kippen was rein, es kommt wenig raus. Drei Sachen, und ich weiß auch immer die Menge, die rein- und rausfließt. [Abs.69; Kategorie 3]

Dies wird mithilfe eines neuen Modells zu erklären versucht:

> Es könnte aber auch eine Klappe geben, die bei zu viel Druck nachgibt und dann fließt alles raus. [Abs.75; Kategorie 6]

> […] Alles fließt erstmal hier rein. Dann könnte es hier noch einen Zulauf geben, dazu noch einen Behälter. Der hat hier unten noch eine Druckklappe. Und wenn zu viel Druck auf ihm ist, dann öffnet sich die Klappe. [Abs.76; Kategorie 7]

Implizit leitet P3 aus diesem Modell wiederum eine Hypothese ab, die sogleich testet [Abs.78; Kategorie 15] und abschließend resümiert wird:

Ich habe zwei Liter reingekippt. Es sind nicht zwei Liter rausgekommen. Es sind nur
1930ml rausgekommen. Ein bisschen mehr oder weniger. [...] meine Überlegung würde
auf jeden Fall passen. [Abs.79; Kategorie 16].

Irgendwie sowas wird es sein. So, das wäre mein Idee, mein Modell. [Abs.80; Kategorie 9]

P3 schlussfolgert also aus der bestätigten Hypothese, dass das finale Modell (Abb.6c) somit Gültigkeit besitzt. Damit erklärt sie die Blackbox-Untersuchung für beendet.

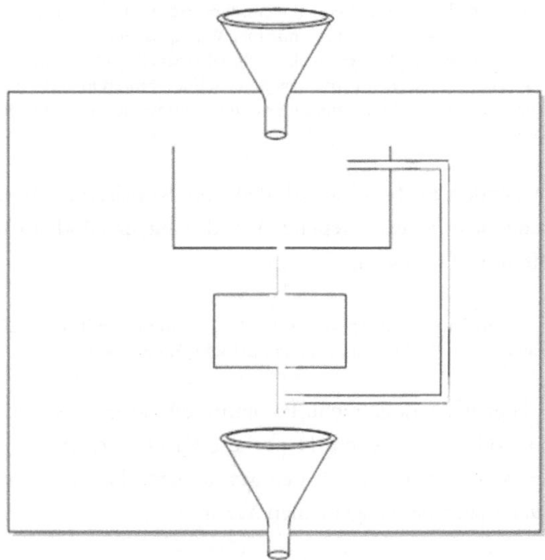

Abb. 6c Finales Modell von P3 (idealisierte Repräsentation des Verfassers).

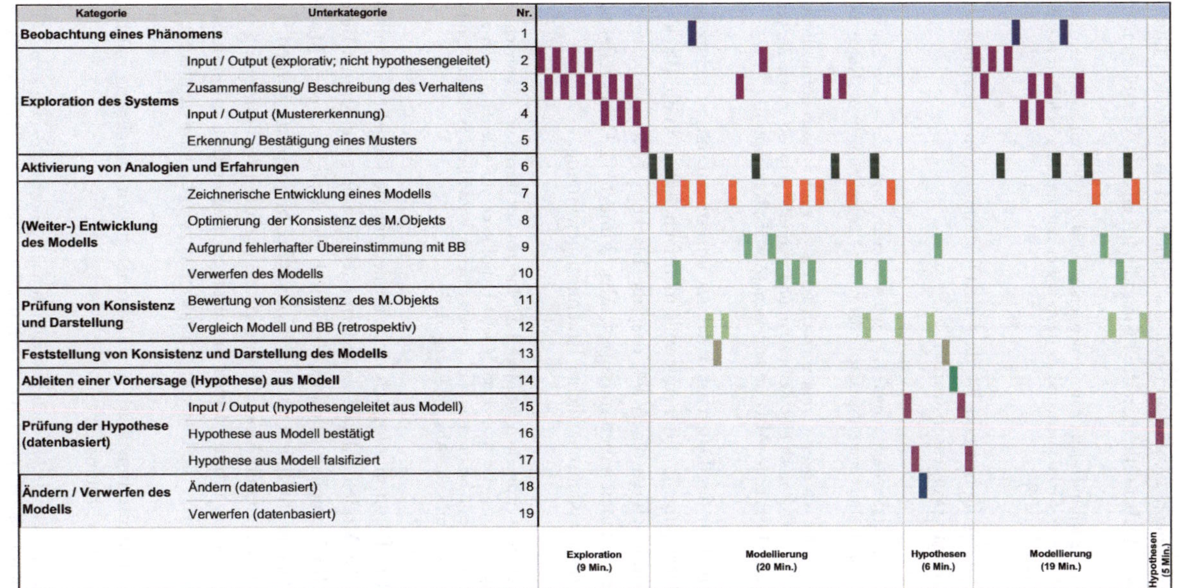

Abb.7c Codeline von P3 zur Veranschaulichung des Aktivitätsmusters bei der Blackbox-Untersuchung.

Die Untersuchung von P4 gliedert sich in vier Phasen: Exploration – Modellierung – Exploration – Modellierung (Abb. 7d, S.55).

In einer ersten langen Explorationsphase sammelt P4 in mehreren Durchgängen Daten an der Blackbox. Dabei reflektiert die Probandin ihr eigenes Vorgehen fortwährend:

> Übrigens habe ich mich jetzt entschieden, erstmal bei den 400 ml zu bleiben, mir dafür zu überlegen, wie es funktioniert und es dann später mit anderen Volumen auszuprobieren. [Abs. 11; Kategorie 4]

Im zweiten Durchgang bemerkt P4, dass die Dokumentation eines Input/Output-Schritts im ersten Durchgang vergessen wurde:

> Hab ich mich jetzt vorhin vertan? [...] Wieso kommt jetzt nichts? Jetzt bin ich verwirrt. Habe ich vorhin sonst eins ausgelassen oder nicht? Verdammt. [Abs.31; Kategorie 1]

> Okay, ich glaube ich habe vorhin wirklich vergessen einmal etwas aufzuschreiben. Dann hau ich jetzt einfach noch eine Reihe dran und wenn die genauso ist wie die gerade eben, dann habe ich beim ersten Mal eine vergessen. [Abs.35,; Kategorie 4]

Die Dokumentation der Daten ist daher als unsystematisch zu kennzeichnen. Aus den ersten drei Durchgängen, in denen jeweils mehrfach 400 ml in die Blackbox hineingegossen worden sind, schlussfolgert P4, dass die Blackbox schon vor Beginn der Untersuchung Wasser enthalten haben muss (vgl. Abs.72 und 131). Dabei reflektiert P4 in Ansätzen den Weg naturwissenschaftlicher Erkenntnisgewinnung:

> „Entwickeln Sie zeichnerisch ein Modell des Inneren der Blackbox". Wenn ich so vom Erkenntnisgewinn ausgehe, müsste ich ja jetzt Hypothesen aufstellen. [...] Ich würde sagen, immer wenn es eine bestimmte Marke überschreitet, kommt etwas heraus. Und die Marke muss über 1000 ml sein. [Abs. 63; Kategorie 5]

Es fällt auf, dass P4 terminologisch nicht immer präzise vorgeht. So hält sie nicht nur die Blackbox für das Modell (Abs.61), sondern auch ihre datengestützten Beobachtungen für Hypothesen. Ihr Vorgehen zeichnet sich durch ein datenbezogenes Modellieren aus, bei dem die Modelle nachträglich auf ihre Konsistenz hin geprüft werden. Folglich konzentriert sich P4 in der ersten Modellierungsphase darauf, ihre Vermutung über den inneren Aufbau der Blackbox in ein Modell umzusetzen. Die erste Explorationsphase führte sie zu der Vermutung, dass die Blackbox mindestens zwei Gefäße beinhaltet [s. Abs.67-69].

In der zweiten Explorationsphase führt P4 einen neuen Durchgang mit 500 ml durch, um diese Vermutung zu bestätigen:

> Um ehrlich zu sein, probiere ich jetzt einfach mal irgendetwas da rein zu machen und gucke mal, was herauskommt. Ob es überhaupt vom Volumen abhängt, was da rauskommt. Ob es das gleiche Verhältnis ist oder nicht. [Abs.79; Kategorie 12]

Die Ergebnisse dieses Durchgangs führen jedoch zu Verwirrung, weil das beobachtete Muster nicht dem entspricht, was P4 nach den Durchgängen mit 400 ml erwartet hatte. Sie konstatiert:

> Also das finde ich richtig komisch. [...] Ich muss auch sagen, ich glaube, dass ich aber die 500 ml erstmal aus meinen Überlegungen raus lasse, um das Modell an sich [...] zu vereinfachen und dann, wenn ich da auf ein Ergebnis komme, könnte ich ja versuchen, das darauf anzuwenden.

P4 rückt damit von ihrem geplanten Vorgehen ab: Zunächst wollte sie eine weitere Messreihe durchführen, um eine Bestätigung für ihre Vermutung zu erhalten und auf dieser Grundlage ein Modell zu entwickeln. Nachdem die Daten ein heterogenes Bild abgeben, beschränkt sich P4 bei der anschließenden zweiten Modellierungsphase nur auf die Daten aus den ersten drei Durchgängen mit 400 ml [s. Abs.123; Kategorie 7]. Nach der Entwicklung dieses Modells versucht P4, einen Zusammenhang zwischen den Messreihen mit 400 ml und der Messreihe mit 500 ml herzustellen, da die nicht konsistenten Muster Irritationen ausgelöst haben:

> Mich würde jetzt eher mal interessieren, ob, wenn ich vorher mit den 500 ml etwas anderes gemacht habe, was jetzt mit den 400 ml passiert. Also ob sich das jetzt irgendwie wieder einpendeln muss oder ob das gleich funktioniert. Ich muss sagen, das würde ich jetzt gerne machen. [Abs. 137; Kategorie 3]

> Ich versuch mal. Ich mache jetzt einfach noch mal 400 ml. Also ich habe gerade so eine Phase, wo ich jetzt einfach nicht logisch darüber nachdenken will bzw. kann und das jetzt einfach nochmal praktisch ausprobieren und will, was passiert. [Abs.139; Kategorie 3]

In dieser Endphase der Untersuchung verzichtet P4 explizit darauf, sich Notizen zu machen [s. Abs.147] und betont den explorativen Charakter der folgenden, neuer-lichen Datenerhebung. Dabei bestätigen sich zwei Erwartungen bezüglich des Outputs aus der Blackbox [Abs. 148 und Abs.151], die letztlich zu einem Modell führen, das dem tatsächlichen Inneren der Blackbox im Wesentlichen entspricht. Dieses finale Modell (Abb. 6d) ist für P4 auf der Grundlage der Daten konsistent und wird daher nicht weiter überprüft oder getestet.

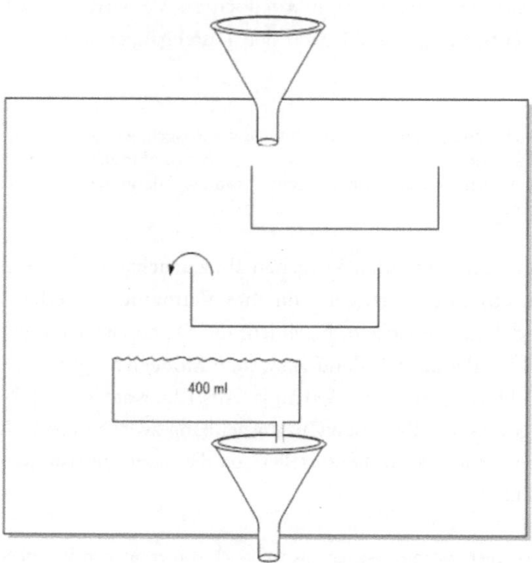

Abb. 6d Finales Modell von P4 (idealisierte Repräsentation des Verfassers).

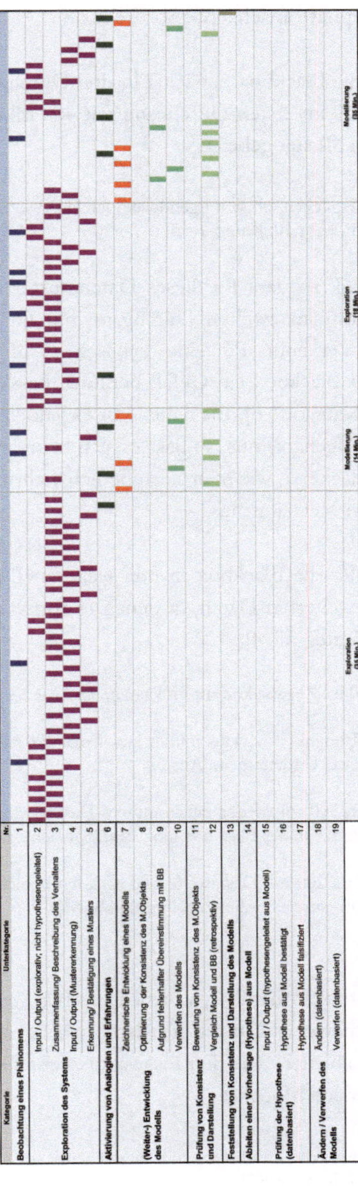

Abb.7d   Codeline von P4 zur Veranschaulichung des Aktivitätsmusters bei der Blackbox-Untersuchung.

P5 zeigt bei der Untersuchung zwei Phasen: eine lange Explorationsphase, die fast drei Viertel der gesamten Untersuchung in Anspruch nimmt und an die sich eine vergleichsweise kurze Modellierungsphase anschließt (Abb.7e, S.58).

Der Proband untersucht die Blackbox zunächst in drei Durchgängen mit 400 ml, 600 ml und letztlich 800 ml. Bereits im ersten Durchgang mit 400 ml erkennt P5, dass es im Input/Output-Verhältnis ein Muster gebe:

> Jetzt würde ich [...] noch gucken, ob sich irgendwie noch ein zweiter Zyklus ergibt, dass es eben nochmal so aussieht. [Abs.10; Kategorie 3]

Dies bestätigt sich [Abs.16], so dass P5 dieses Datenmuster mit anderen Volumina zu replizieren versucht. Sowohl im zweiten Durchgang mit 600 ml also auch im dritten Durchgang mit 800 ml erkennt P5 eine zyklische Abfolge. Dies führt zu der Annahme, dass sich in der Blackbox ein Gefäß befindet, dass ab einem bestimmten Volumen überläuft [Abs.33; Kategorie 6]. Bis dahin gibt es jedoch noch keine konkrete Vorstellung über den inneren Mechanismus, so dass es sich beim ersten Modell [Abs.44] auch eher um eine Skizze der Blackbox, wie man sie äußerlich wahrnimmt, handelt, als um eine ersten Entwurf des inneren Mechanismus.

Anschließend untersucht P5 die Blackbox in drei weiteren Durchgängen (500 ml; 1000 ml; 200 ml) und sammelt weiterhin Daten, in denen er fortwährend nach Mustern sucht und solche auch erkennt [Kategorie 4]:

> Immer nach zweimal 600 ml Zugabe kommt im Prinzip alles wieder raus. [Abs.28]

> Bei 400 ml bestand im Prinzip ein Zyklus immer aus 4 mal 400 ml. Und bei der zweiten Runde [mit 600 ml] aus zwei Datenreihen. [Abs.32]

> (unv.) um zu gucken, ob 500 ml wieder rauskommen. Das würde im Prinzip bestätigen, dass es irgendwo eine Grenze in der Blackbox gibt. Bestätigt sich auch ungefähr [Abs.48]

> Jetzt nochmal zum Schluss 200 ml. Das zweite Mal, weil ich ja nicht davon ausgehe, dass auch noch nichts überläuft bzw. nicht herauskommt. [Abs.63]

P5 formuliert also Vermutungen darüber, wie sich die Blackbox bei einem be-stimmten neuen Volumen verhält, indem er Muster aus den vorherigen Durchgängen darauf anwendet und Erwartungen ableitet. Aus den insgesamt sechs Durchgängen entwickelt P5 dann datenbasiert verschiedene Modelle:

> Ich gucke jetzt noch einmal die Zahlen an, um eine Theorie zu entwickeln, wie da drin aussehen könnte. [Abs.74; Kategorie 3]

P5 verfügt bei den anschließenden Modellierungen allerdings noch über keine konkrete Vorstellung, sondern entwickelt insgesamt sieben verschiedene Modelle [Kategorie 7], die allesamt auf Analogien basieren [Kategorie 6, z.B. Abs. 76, 79]] und die anschließend auf Konsistenz mit den Daten geprüft werden [Kategorie 12], so zum Beispiel das fünfte Modell der Modellierungsphase:

> An der Seite kann auch nichts rauslaufen. An der Rückwand auch kein Auffangbecken. Ob es doch noch bleibt? Es würde ja rauslaufen. Was ist denn hier? Die Bechergläser oder so. Verschiedene Positionen. D.h. aber, irgendwie muss das Wasser direkt in irgendein Gefäß laufen. [Abs.89; Kategorie 6]

> [...] Irgendwie muss doch irgendwann noch das komplette Wasser raus. Soll ich jetzt hier irgendwo? Ein Gefäß muss irgendwie noch eine Öffnung haben. Da würde ja in jedem Glas etwas drin bleiben. [Abs.90; Kategorie 7]

> Wenn ich eigentlich ein Glas habe und ein zweites. Hier fließt Wasser beim ersten. Das zweite. Es bleibt immer etwas übrig Das kann so nicht sein. Weil immer etwas im Becherglas bleiben muss. Das geht aber nicht, weil irgendwann das Gesamte komplett rauskommt. [Abs.91; Kategorie 12]

Auf diese Weise entwickelt P5 mehrere Modelle, die nachträglich das zuvor beob-achtete Datenmuster abbilden sollen. Keines dieser Modelle wird überprüft, indem Hypothesen abgeleitet werden. Letztlich kann P5 kein Modell präsentieren, dass seine Erwartungen und Beobachtungen für ihn zufriedenstellend repräsentieren kann. Aufgrund mangelnder neuer Ideen beendet P5 daraufhin die Untersuchung. Sein finales Modell zeigt Abb.6e.

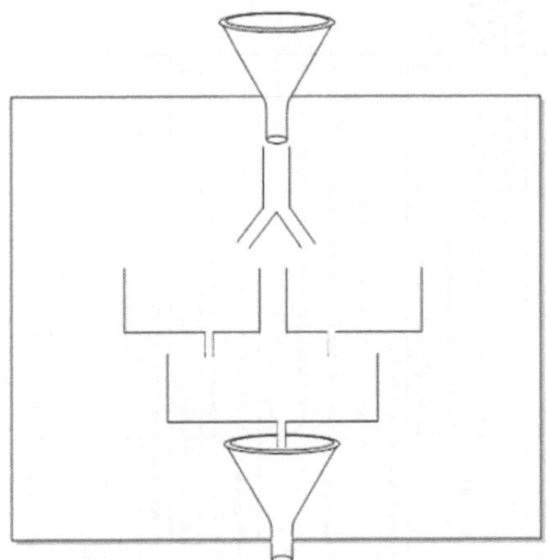

Abb. 6e Finales Modell von P5 (idealisierte Repräsentation des Verfassers).

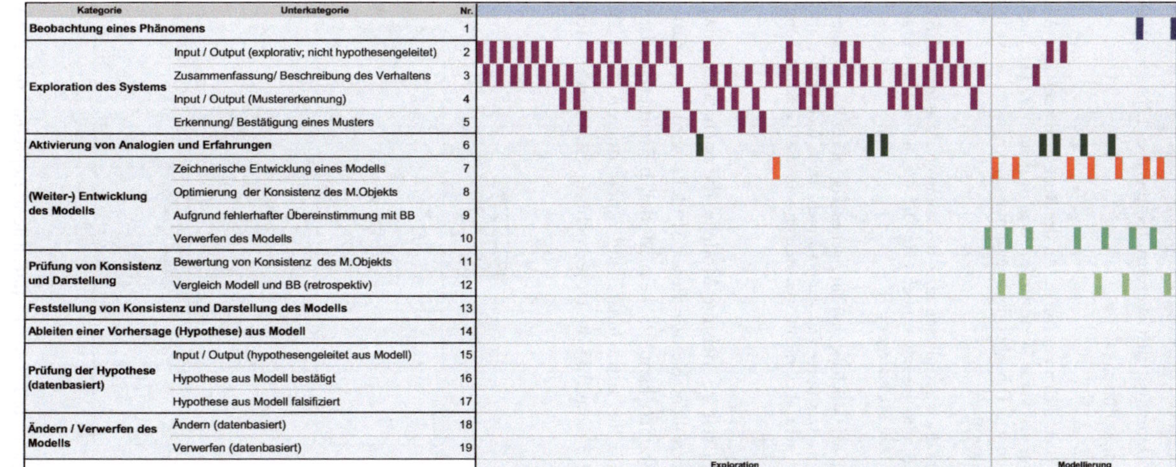

Abb.7e   Codeline von P5 zur Veranschaulichung des Aktivitätsmusters bei der Blackbox-Untersuchung.

Die Untersuchung von P6 gliedert sich in drei Phasen: Exploration – Modellierung – Exploration (Abb. 7f, S.61).

Die Probandin verfolgt bei der Exploration keine klare Trennung zwischen unterschiedlichen Durchgängen, in denen systematisch dieselbe Menge Wasser eingefüllt wird. Stattdessen beginnt sie mit zwei Mal 400 ml und füllt danach fortwährend die Menge an Wasser ein, die zuvor herausgekommen war. Der Input reduziert sich dadurch von 140 ml über 75 ml bis zu 25 ml, die in die Blackbox gegossen werden. P6 fasst die erste Explorationsphase folgendermaßen zusammen:

> Wenn ich jetzt mit einem größeren Wert anfange und den reinkippe, dann addiert sich das ja immer auf die 785 ml. Ich kann ja nicht wieder bei Null anfangen. Außer beim ersten und vierten Mal kam immer ungefähr die Hälfte raus von dem, was ich rein gekippt habe. [...] Aber kommt nicht ganz hin. Auf jeden Fall kommt immer irgendetwas immer wieder raus. [Abs.16; Kategorie 3]

Da P6 bislang auf der Grundlage ihrer Daten kein Muster erkennen kann, kann sie kein Modell entwickeln, das die Daten angemessen repräsentiert. Den sehr kurzen Modellbildungsprozess [Abs.18] kommentiert sie nicht weiter. Allein die Assoziationen (Abb. 6f) verändern sich im Laufe der Untersuchung:

> Als ich dann die 140 ml wieder dazu gekippt habe, sind nur 75 ml rausgekommen, d.h. 75 ml müssen irgendwo abgeflossen sein und die anderen 75 ml irgendwie zu den 660 ml dazu. D.h. 75 ml sind dann noch wieder drin geblieben. [Abs.20; Kategorie 9]

> D.h. es könnte sein, dass das Wasser, was in dem Behälter bleibt, irgendwie ganz langsam abtropft, so dass schon wieder ein bisschen mehr Platz in dem Behälter ist, bis ich wieder etwas nachkippe, weil das andere Wasser irgendwo gespeichert wird. Irgendwo hier unten in einen anderen Behälter fließt und dadurch wieder mehr Platz ist, bis das Fass überläuft. [Abs.21; Kategorie 6]

P6 belässt es bei diesem Modell und begibt sich erneut in eine Explorationsphase, in der sie in gleicher Weise vorgeht wie zuvor beschrieben. Sie sammelt also erneut Daten, indem sie stets die Menge an Wasser wieder einfüllt, die zuvor herausgekommen war. Da sie dieses Vorgehen weiterhin kein Muster in den Daten erkennen lässt, resümiert sie abschließend:

> Okay, also ich bin ratlos jetzt. [Abs. 61; Kategorie 1]

> Also irgendwie habe ich das Gefühl, es gibt einen gewissen Richtwert, der immer drinnen bleibt und sobald der überschritten wird -, also es kann nur sein, dass irgendwie ein Röhrchen abgeht, wo ein gewisser Teil rausfließt, und dass es nicht irgendeinen Abgang gibt, wo ein andere Teil sich sammelt und drinnen bleibt. [Abs.62; Kategorie 6]

Mangels Ideen, dies weiter zu überprüfen [Abs. 64], beendet P6 die Untersuchung.

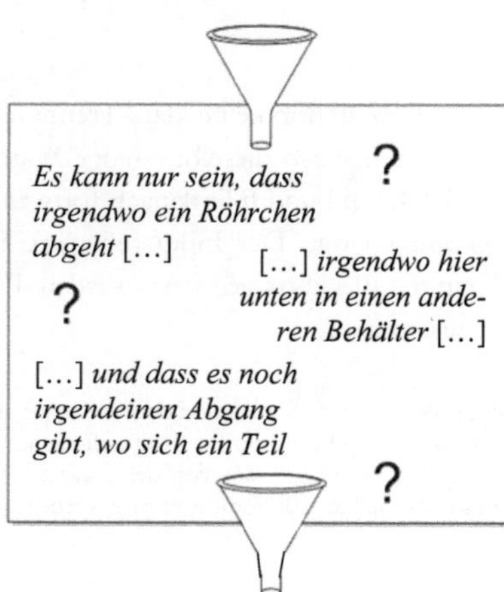

Abb. 6f Finales Modell von P6. Die Probandin hat kein Modell gezeichnet, so dass hier nur auf die wenigen Analogien zurückgegriffen werden kann, die während der Untersuchung genannt werden.

Kategorie	Unterkategorie	Nr.
Beobachtung eines Phänomens		1
Exploration des Systems	Input / Output (explorativ; nicht hypothesengeleitet)	2
	Zusammenfassung/ Beschreibung des Verhaltens	3
	Input / Output (Mustererkennung)	4
	Erkennung/ Bestätigung eines Musters	5
Aktivierung von Analogien und Erfahrungen		6
(Weiter-) Entwicklung des Modells	Zeichnerische Entwicklung eines Modells	7
	Optimierung der Konsistenz des M.Objekts	8
	Aufgrund fehlerhafter Übereinstimmung mit BB	9
	Verwerfen des Modells	10
Prüfung von Konsistenz und Darstellung	Bewertung von Konsistenz des M.Objekts	11
	Vergleich Modell und BB (retrospektiv)	12
Feststellung von Konsistenz und Darstellung des Modells		13
Ableiten einer Vorhersage (Hypothese) aus Modell		14
Prüfung der Hypothese (datenbasiert)	Input / Output (hypothesengeleitet aus Modell)	15
	Hypothese aus Modell bestätigt	16
	Hypothese aus Modell falsifiziert	17
Ändern / Verwerfen des Modells	Ändern (datenbasiert)	18
	Verwerfen (datenbasiert)	19

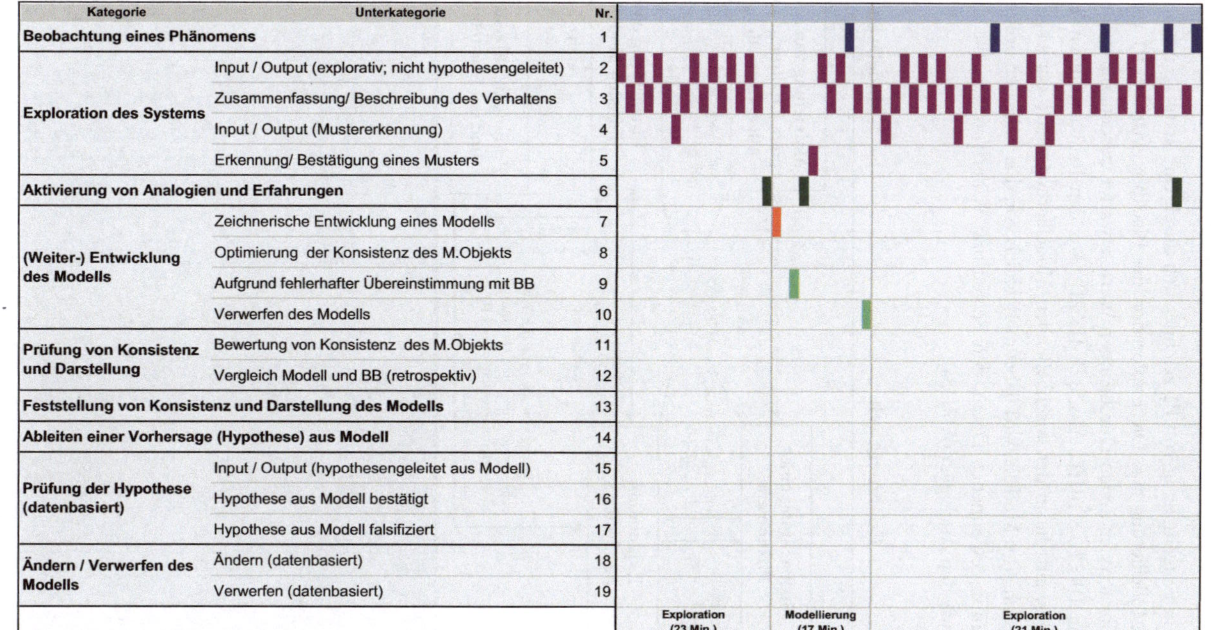

Abb.7f   Codeline von P6 zur Veranschaulichung des Aktivitätsmusters bei der Blackbox-Untersuchung.

5.3. Fragestellung 3: Zusammenhang von Modellverstehen und Modellieren

Die Blackbox-Untersuchung von P1 zeichnet sich durch eine klare Trennung von Exploration und Modellierung aus. Die Exploration der Blackbox wirft bei P1 zahlreiche Fragen auf, weil nach den ersten Durchgängen Werte erwartet werden, die sich nicht bestätigen [Anhang 10.5.1., S.101ff., Abs.5; 9; 17; 21]. Aus den Beobachtungen leitet P1 erste Analogien her, auf die in der anschließenden Modellierungsphase zurückgegriffen wird. Die Entwicklung des Modells wird dabei maßgeblich von drei Faktoren bestimmt: den bei der Exploration gewonnenen Daten, den Fragen und Widersprüchen, die sich aus jenen ergeben, sowie den Analogien (Abb. 8a):

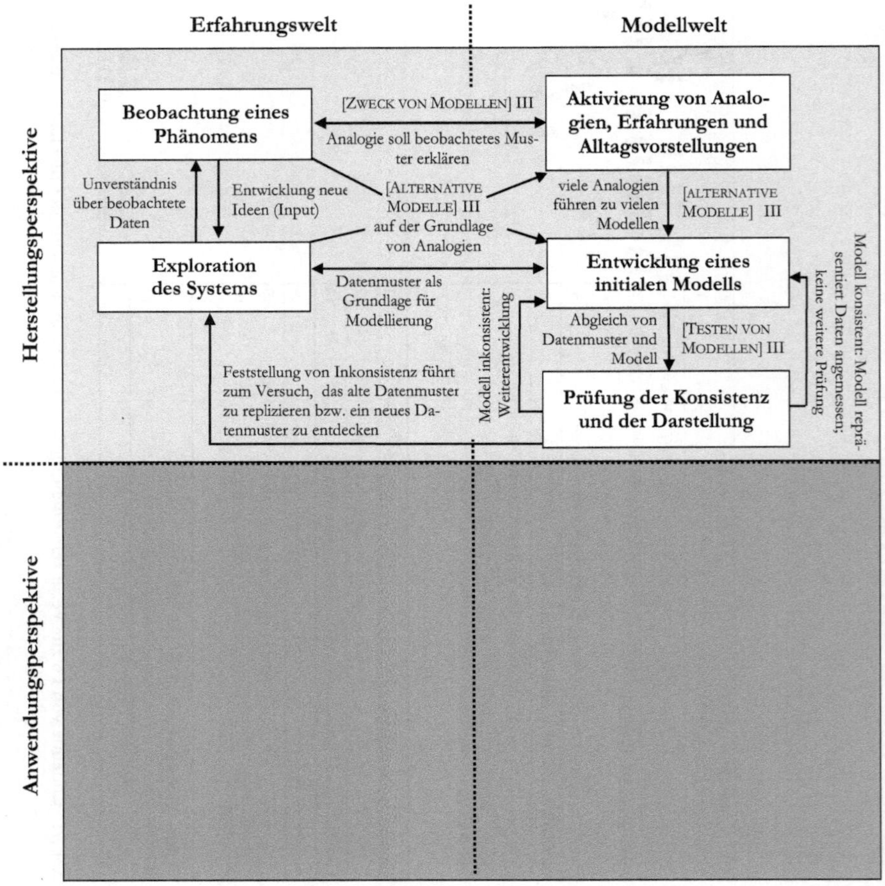

Abb. 8a   Anwendung des Prozessschemas auf die Blackbox-Untersuchung von P1.

Auffällig ist dabei insbesondere, dass P1 zahlreiche verschiedene Modelle entwickelt. Der retrospektive Abgleich mit den Daten bestimmt dabei die Suche nach einer angemessenen Repräsentation des Inneren der Blackbox. Dies steht den Aussagen zum Modellverstehen jedoch diametral gegenüber (Anhang 10.1., S.95):

> Ableiten von Theorien; Vereinfachen von komplexen Sachverhalten"[Antwort P1 zum Zweck]
> Ableiten von Hypothesen → Testen am Original; Überprüfung aller am Original gewonnenen Erkenntnisse [Antwort P1 zum Testen]

Metakognitiv argumentiert P1 auf einem elaborierten Niveau, das sich in seiner Modellierung jedoch nicht niederschlägt. Sein Modell testet er nicht, indem er eine Hypothese aus einer seiner Zeichnungen ableitet, sondern indem er das Modell rückwirkend auf die Daten bezieht, so dass er stets in der Herstellungsperspektive verbleibt. Die Blackbox-Untersuchung zeigt, dass sich P1 zufolge ein inkonsistentes Modell dadurch auszeichnet, dass es das beobachtete Datenmuster nicht angemessen repräsentiert. Folglich kommt es zu einer zweiten Explorationsphase, in der neue Daten gesammelt werden.

Eine Feststellung von Konsistenz [Abs.109] führt nicht zu einer hypothesengeleiteten Prüfung, sondern bestätigt, dass das Modell soweit eine richtige Abbildung darstellt. Das Modellverstehen und die Modellierung sind folglich inkongruent.

*

Auch P2 nimmt bei der Blackbox-Untersuchung ausschließlich die Herstellungsperspektive auf Modelle ein. Die Exploration des Systems führt dazu, dass ein Datenmuster erkannt wird. Dieses bildet jedoch nicht direkt die Grundlage für das Modell, sondern über den Umweg der Analogien (s. Abb. 8b). P2 entwickelt sein Modell ausschließlich mithilfe der zahlreichen Analogien, die wiederum die Daten widerspruchsfrei repräsentieren sollen. Während des eigentlichen Modellierungsaktes wird auf die Daten jedoch keinerlei Bezug mehr genommen [Anhang 10.5.2., S.104ff., Abs.26; 74; 105; 107; 113].

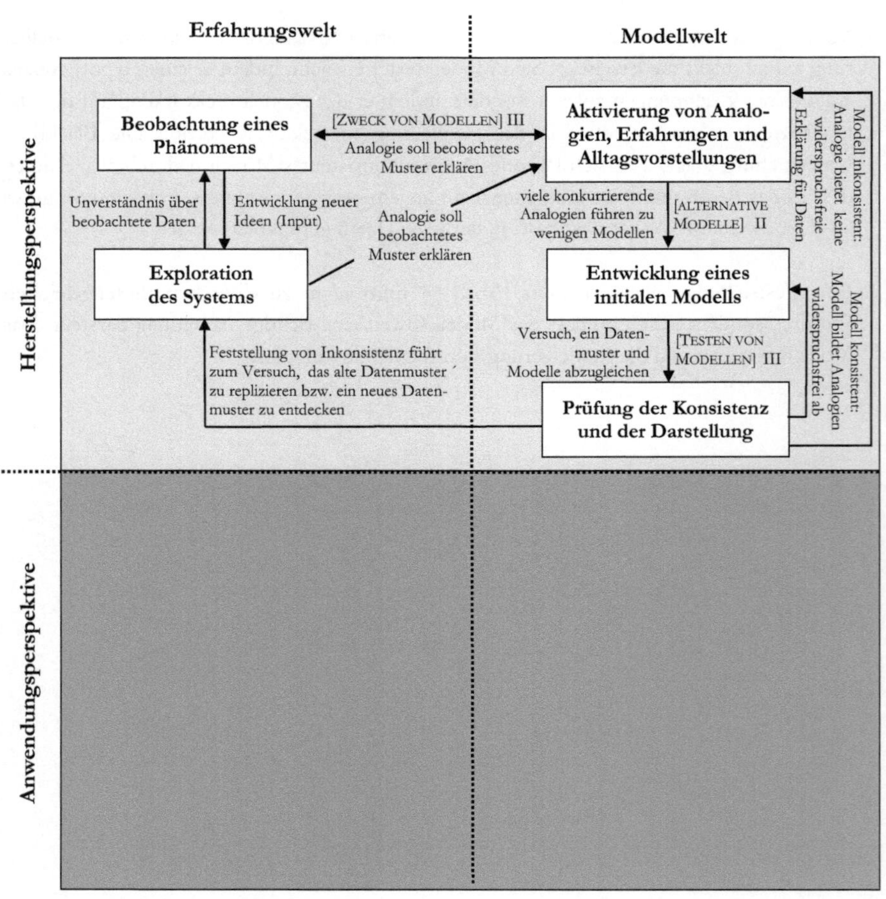

Abb. 8b Anwendung des Prozessschemas auf die Blackbox-Untersuchung von P2.

Dies steht im Einklang mit den metakognitiven Ausführungen von P2, Modelle vorwiegend als Darstellungen zur Visualisierung zu verstehen (Anhang 10.1., S.95).

> Ein Modell soll vereinfacht die wichtigsten biologischen Aspekte veranschaulichen und erklären. [Antwort P2 zu Eigenschaften]

> Modell entspricht nicht dem Ausgangsobjekt [und] liefert nicht die gewünschten Ergebnisse. [Antwort P2 zum Ändern]

Obwohl P2 hinsichtlich der prozeduralen Teilkompetenzen explizit ein hypothesengeleitetes Vorgehen zum Testen von Modellen benennt, erfolgt die Modellierung primär mit dem Ziel, die eigenen Analogien über den inneren Mechanismus der Blackbox möglichst widerspruchsfrei abzubilden. Unmittelbarer Bezugspunkt sind folglich nicht mehr die Daten selbst, sondern bereits die mentale Bearbeitung in Form subjektiver Assoziationen und Analogien. Werden Modell und Analogie als inkonsistent erkannt, entwickelt P2 entweder zum selben Datenmuster eine neue Analogie [z.B. Abs.25-29] oder exploriert die Blackbox erneut, um das ursprüngliche Datenmuster zu replizieren [z.B. Abs.44-55].

Da P2 hinsichtlich des Zwecks von Modellen ein elaboriertes Modellverstehen zeigt, allerdings nicht hypothesengeleitet vorgeht, lässt sich ein inkongruentes Verhältnis von Modellverstehen und Modellieren nachweisen.

*

P3 ist der einzige Proband, der über die Herstellungsperspektive hinaus zur Anwendungsperspektive vordringt und auf der Grundlage des entwickelten Modells eine Vorhersage über das Verhalten der Blackbox entwickelt (Abb. 8c). Dabei ist es bemerkenswert, dass P3 die offenen Fragen zum Modellverstehen ausschließlich auf Niveaustufe II beantwortet und keinerlei vorhersagenden Charakter von Modellen benennt:

> Daher ist ein Modell eine vereinfachte Darstellung des Ausgangsobjekts. [...] [Antwort P3 zu Eigenschaften] [...] Zum einen muss das Modell auf Richtigkeit überprüft werden. [...] [Antwort P3 zu Zweck]

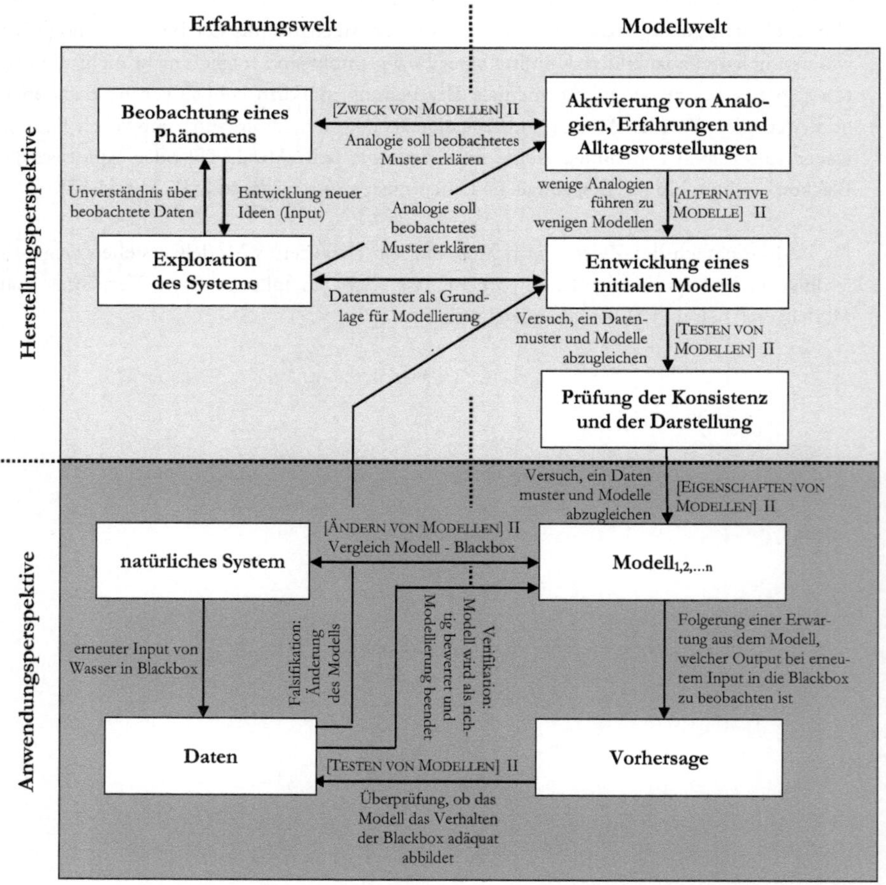

Abb. 8c   Anwendung des Prozessschemas auf die Blackbox-Untersuchung von P3.

Die retrospektive Feststellung von Konsistenz zwischen Modell und Daten [Anhang 10.5.3., S.114ff., Abs.23] genügt P3 nicht, stattdessen wird aus dem Modell eine Vorhersage abgeleitet:

> [...] Fehlt aber noch, warum, wenn man 400 ml reinkippt, warum vorhin mehr rausgekommen ist. Das kann aber auch ein Beobachtungsfehler sein. [Abs.46; Kategorie 12]

> Dann probieren wir das ganze nochmal aus. [Abs.47; Kategorie 15]

> Okay, jetzt kommt gar nichts mehr raus, das heißt, das kann nicht stimmen. Also jetzt müssten ja 800 ml rauskommen, 400 kommen raus. [Abs. 48; Kategorie 17]

P3 gibt also erwartungsgeleitet erneut einen Input in die Blackbox und erwartet auf der Grundlage des entwickelten Modells einen Output von 800 ml. Die Daten widersprechen der Erwartung, so dass P3 ihr initiales Modell datenbasiert modifiziert und erneut auf Konsistenz prüft [Abs.52]. Aus dem veränderten Modell wird erneut eine Vorhersage abgeleitet und getestet [Abs.75], die sich dieses Mal bestätigt [Abs.76]. Hiermit erklärt P3 die Modellierung für beendet. Das Modell repräsentiert für sie die Blackbox adäquat. Die Probandin hat somit einen zyklischen Modellierungsprozess beschritten.

Es fällt auf, dass P3 während der Blackbox-Untersuchung zwar hypothesengeleitet vorgeht, dieses Vorgehen so allerdings nicht explizit benennt. Sie beschreibt ihr Vorgehen nicht als hypothetisch-deduktives Verfahren, so dass ihre Erwartungen beim Eingießen von Wasser in die Blackbox nur nachträglich sichtbar werden. Indem sie jedoch davon spricht, dass „nach [ihr]er Theorie" [Abs.53] ein bestimmter Output zu erwarten sei, ließe sich dies trotz fehlender terminologischer Präzision als hypothesengeleitetes Vorgehen auffassen. Im Angesicht der Antworten auf die offenen Fragen ist dies nicht überraschend, so dass hier von einer Kongruenz zwischen Modellverstehen und Modellieren gesprochen werden kann.

*

P4 entwickelt während der Untersuchung auffallend wenige Analogien, die jedoch stark datenbasiert sind und folglich das beobachtete Datenmuster exakt repräsentieren sollen [Anhang 10.5.4., S.117ff., Abs. 67, 76, 86, 129, 136]. Durch die zwei langen Explorationsphasen generiert P4 fortwährend neue Daten und erkennt neue Muster, sie behält jedoch die ursprüngliche Analogie eines Kammersystems bei und modifiziert diese. Die sich anschließende Konsistenzprüfung steht im Einklang mit den Antworten aus dem Fragebogen, schließlich betont P4, dass Modelle getestet werden, indem sie „den gleichen Bedingungen wie das Original ausgesetzt werden" [Antwort P4 zum Testen]. Also rekapituliert P4 für die zuvor verwendeten Inputs, ob ihr Modell die Daten und die auf ihnen basierenden Analogien widerspruchsfrei abbildet [z.B. Abs.79, 128]. Tut es das nicht, wird das Modell modifiziert (Abb. 8d):

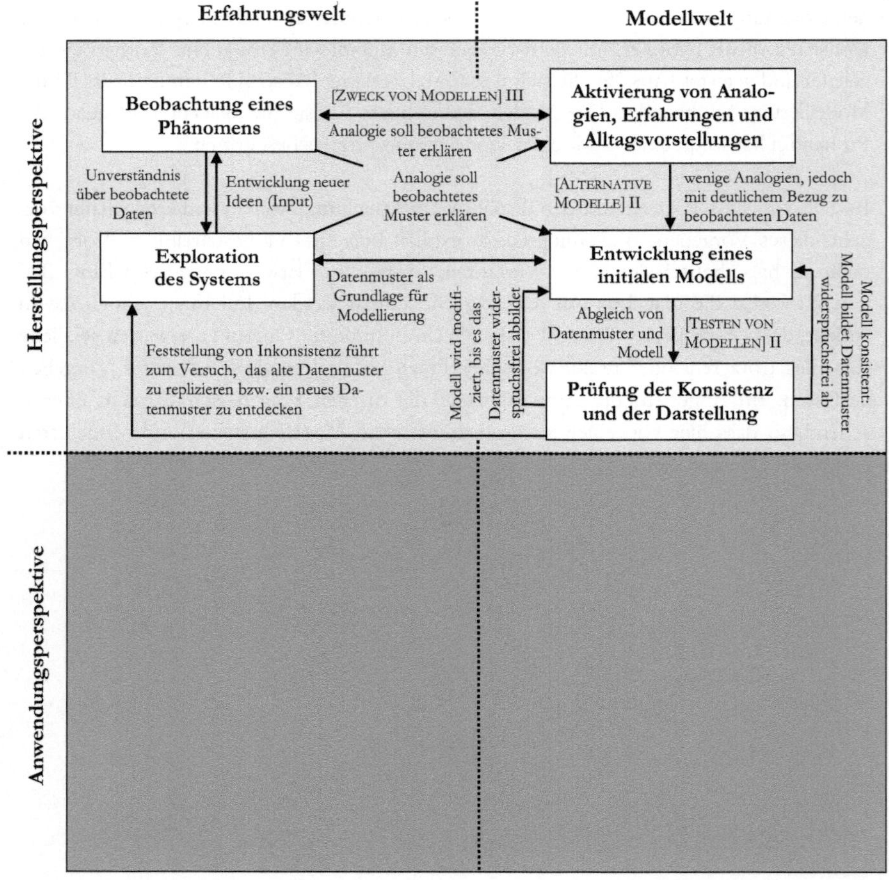

Abb. 8d   Anwendung des Prozessschemas auf die Blackbox-Untersuchung von P4.

Bemerkenswert hinsichtlich des Testens des Modells ist der Umstand, dass P4 den Zweck von Modellen auch darin sieht, „Hypothesen zu überprüfen" [Antwort P4 zum Zweck]. Getestet wird dann jedoch nicht durch das Ableiten einer Vorhersage, sondern durch einen rückwirkenden Abgleich zwischen Daten und Modell. In dem Moment, in dem Konsistenz festgestellt wird [Abs.156], wird das Modell als adäquate Repräsentation verstanden und die Modellierung beendet. Somit liegt ein inkongruentes Verhältnis von Modellverstehen und Modellieren vor.

*

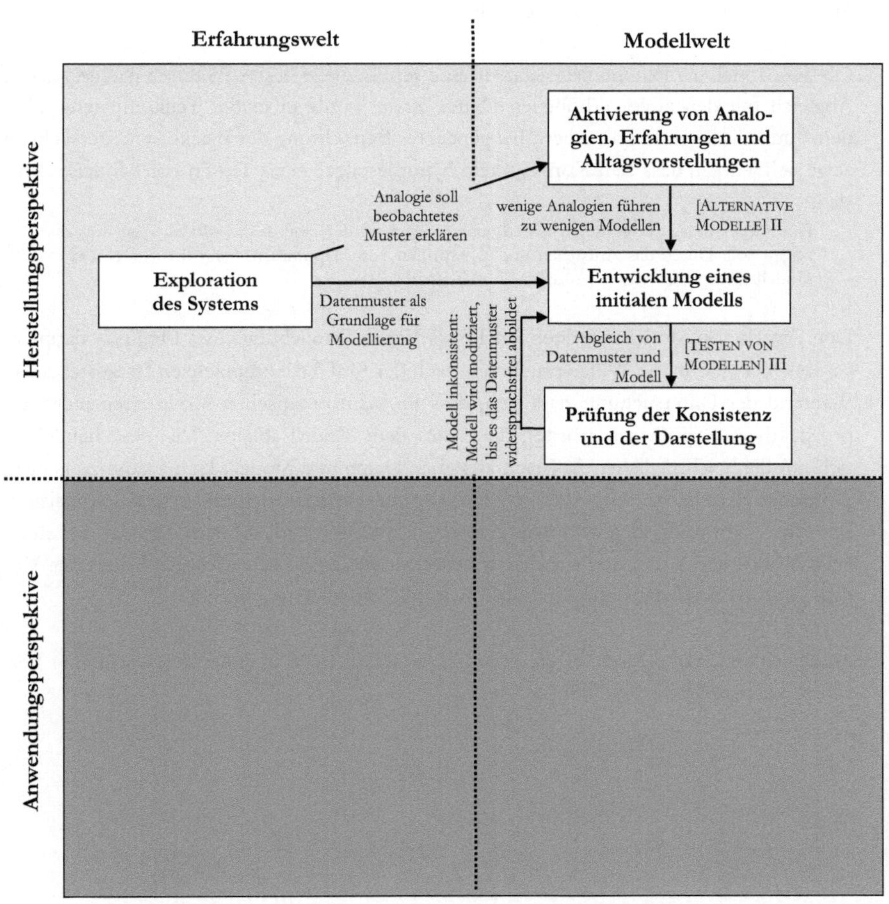

Abb. 8e   Anwendung des Prozessschemas auf die Blackbox-Untersuchung von P5.

Die Untersuchung von P5 ist durch eine deutliche Trennung von Exploration und Modellierung bestimmt, wobei lange systematisch nach Datenmustern gesucht wird. Dabei wird kein als „Beobachtung eines Phänomens" codiertes Unverständnis über die Daten geäußert [Anhang 10.5.5., S.123ff.]. Anschließend werden einige wenige Analogien gebildet, die die Daten widerspruchsfrei abbilden können. Dies entspricht dem metakognitiven Modellverstehen von P5:

> Modelle sollen als Abbildungen eines [...] Objekts dienen, d.h. sie sollen möglichst genau die Realität aufzeigen. [Antwort P5 zu Eigenschaften]

Die Suche nach einer angemessenen Veranschaulichung der Daten spiegelt sich auch im Modellierungsprozess von P5 wider (Abb. 8e).

Ob das Modell die Datenmuster angemessen repräsentiert, testet P5 durch nachträglichen Abgleich mit den zuvor erhobenen Daten. Zwar wurde er in der Teilkompetenz „Ändern" auf Niveaustufe III codiert, bei genauerer Betrachtung der Blackbox-Untersuchung zeigt sich jedoch, dass sein Konzept kein hypothesengeleitetes Testen von Modellen vorsieht:

> Der Zweck muss mit geeigneten Methoden getestet werden, sodass das Modell zeigt, was es zeigen soll. Durch das Aufstellen und Überprüfen von Hypothesen, kann der Zweck eines Modells überprüft werden. [Antwort P5 zu Testen]

Den Zweck von Modellen jedoch hat P5 als Veranschaulichung eines Originals definiert, so dass hier ein innerer Widerspruch innerhalb der fünf Teilkompetenzen festzustellen ist. Während der Untersuchung zeigt sich, dass P5 beim praktischen Modellieren nicht mit prospektiven Hypothesen arbeitet, die er aus dem Modell ableitet. Viel eher handelt es sich um den nachträglichen Abgleich zwischen Daten und Modell. Dabei kann zu keinem Zeitpunkt Konsistenz festgestellt werden. Die mehrmalige Feststellung von Inkonsistenzen führt nicht dazu, dass nochmals ausgiebig exploriert wird, sondern dass das ursprüngliche Modell verworfen und ein jeweils neues Modell entwickelt wird. Da keines der Modelle einer Konsistenzprüfung standhält, wird die Modellierung beendet.

Modellverstehen und Modellieren stehen zusammenfassend in einem inkongruenten Verhältnis zueinander.

*

Die insgesamt relativ kurze Blackbox-Untersuchung von P6 zeichnet sich durch eine deutlich reduzierte Modellierungsphase aus. Aus der Exploration der Blackbox werden Daten gesammelt, in denen P6 jedoch kein Muster erkennen kann. Vor diesem Hintergrund kann sie kaum Analogien generieren und somit auch kein Modell entwickeln, das die Daten angemessen zu repräsentieren vermag. Die fehlende Übereinstimmung zwischen dem ersten und einzigen initialen Modell [Anhang 10.5.6., S.127, Abs.18] und den generierten Daten führt zur neuerlichen Exploration der Blackbox, wodurch noch mehr Daten gesammelt werden (Abb. 8f):

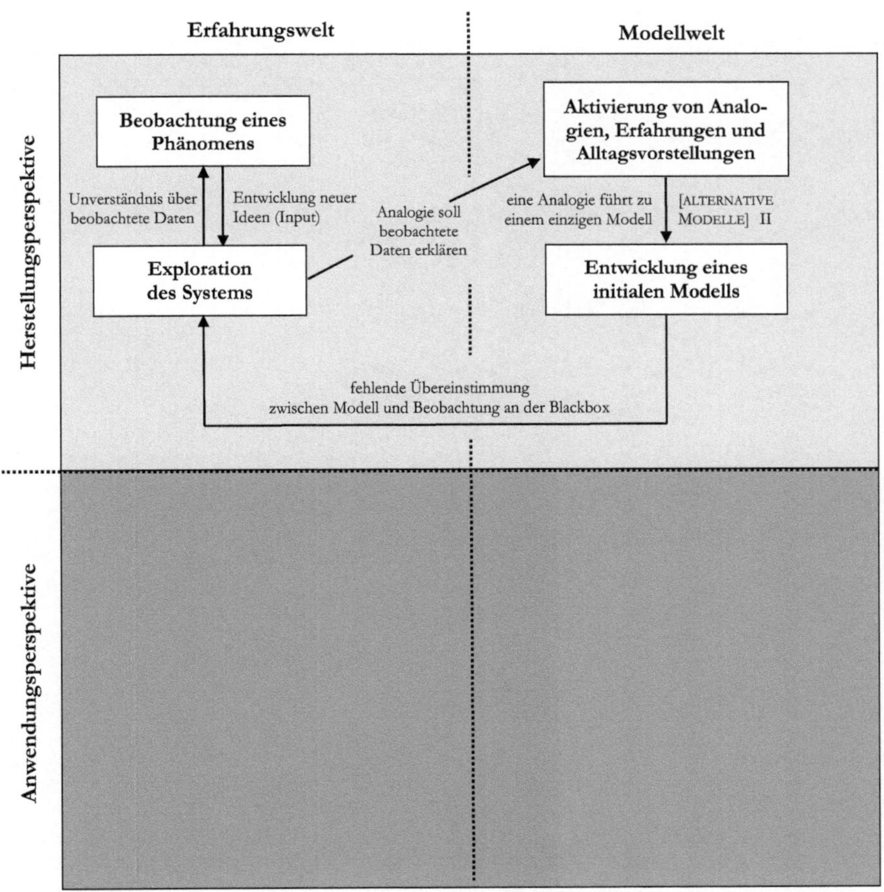

Abb. 8f: Anwendung des Prozessschemas auf die Blackbox-Untersuchung von P6.

Den Antworten auf die offenen Fragen zufolge fasst P6 Modelle vereinfachte Repräsentationen auf, die „schwierige Zusammenhänge verständlich darstellen" [Antwort P6 zum Zweck] sollen. Die Zusammenhänge wären im Falle der Blackbox jedoch die Datenmuster, die ein systematisches Vorgehen beim Input von Wasser einsichtig machen könnten. P6 erkennt jedoch keine Datenmuster und kann folglich auch keine Analogien entwickeln, die zu einem Modell führen.

Trotz der fehlenden Entwicklung eines aussagekräftigen Modells lässt sich daher für P6 eine Kongruenz von Modellverstehen und Modellieren annehmen.

*

6 Diskussion

6.1. Betrachtung der Ergebnisse

Das Ziel dieser Arbeit war es, einen möglichen Zusammenhang zwischen den beiden Dimensionen der Modellkompetenz zu untersuchen und eine Typologie von Modellierungsstrategien zu entwickeln.

Insgesamt verfügen die Probanden über ein durchschnittlich bis stark ausgeprägtes Modellverstehen (F_1). Dabei fällt auf, dass zum Teil logische Unstimmigkeiten in der Argumentationsstruktur vorliegen, wenn man die Antworten zu den fünf Teilkompetenzen miteinander in Beziehung setzt. So antworten P1, P4 und P5 nur zum Teil auf Niveaustufe III hinsichtlich einer oder zwei der prozeduralen Teilkompetenzen. Es sollte davon ausgegangen werden, dass die Annahme, der Zweck von Modellen bestehe im epistemologischen Sinne darin, Hypothesen aus ihnen abzuleiten und diese am Original zu testen, sich jeweils auch in den anderen Antworten zum Testen und Ändern widerspiegelt. Dass also inkonsequent argumentiert wird, ist einerseits als methodische Schwäche des hier praktizierten Vorgehens zu sehen (s. Abschnitt 6.2) ließe sich andererseits jedoch auch als Indikator dafür verstehen, dass kein umfassend elaboriertes Modellverstehen vorliegt. Insofern bestätigen die Ergebnisse die Befunde von CRAWFORD & CULLIN (2004), nach denen angehende Lehrkräfte naturwissenschaftlicher Fächer in der Regel über ein durchschnittlich ausgeprägtes Modellverstehen verfügen, sowie die Befunde von KRELL & KRÜGER (2016) und JUSTI & GILBERT (2003).

Ein stark ausgeprägtes Modellverstehen zeigt sich bei den Master-Studierenden P1 und P2, die die epistemologische Bedeutung von Modellen betonen. Da dies für die anderen drei Master-Studierenden P4, P5 und P6 jedoch nicht gilt, bleibt offen, inwieweit dieser Befund die Ergebnisse von HARTMANN, UPMEIER ZU BELZEN, KRÜGER & PANT (2015) bzw. MATHESIUS, UPMEIER ZU BELZEN & KRÜGER (2014) bestätigen kann. Demnach wäre zu erwarten gewesen, dass das Modellverstehen der Bachelor-Studentin (P3) geringer ausgeprägt ist als das der Studierenden im ersten Master-Semester (P5 und P6) und dieses wiederum geringer als das der Studierenden im dritten Master-Semester (P1, P2 und P4). Die hier durchgeführte Erhebung lässt jedoch keine Rückschlüsse über eine Weiterentwicklung bzw. Stagnation des Modellverstehens im Laufe des Studiums zu. Die Hypothese, dass das Modellverstehen bei Master-Studierenden ausgeprägter ist als bei Bachelor-Studierenden (H_1), kann somit insbesondere aufgrund der kleinen Stichprobe weder aufrechterhalten noch verworfen werden und bedarf daher einer weiteren Prüfung.

Hinsichtlich der Modellierungsstrategien bei der Blackbox-Untersuchung (F_2) hat sich die Hypothese bestätigt, dass vorwiegend erwartungsgeleitet modelliert wird (H_2). Der für die typenbildende qualitative Inhaltsanalyse entscheidende Schritt, jeden Probanden dabei eindeutig einem Typus zuordnen zu können (KUCKARTZ 2016, S.157), erfolgte nicht im Ergebnisteil, sondern an dieser Stelle in der Diskussion, weil eine Zuordnung nicht in jedem Fall zweifelsfrei ad hoc möglich ist. Insofern ist es wichtig, im Folgenden kursorisch sowohl die vier Typen als auch die einem Typus zugeordneten Probanden gegeneinander abzugrenzen (KELLE & KLUGE 2010).

Dem Typus A (erklärendes Modellieren) lässt sich einzig P6 zuordnen. Die explorative Suche nach einer Erklärung für die zu beobachtenden Daten ist dabei konstitutiv. Dass Modelle häufig verworfen werden, lässt sich anhand der Untersuchung von P6 nicht nachweisen, bildet aber auch nicht das konstitutive Charakteristikum dieser Modellierungsstrategie. Gleichwohl wird die Entwicklung eines Modells mit direktem Bezug zu den Daten vorgenommen, d.h. erklärendes Modellieren drückt sich in einer nachträglichen Suche nach einer Erklärung für das Zustandekommen der Daten aus. CAMPBELL, OH & NEILSON (2013) würden in diesem Fall von *expressive modeling* sprechen.

Der direkte Datenbezug gilt auch für Typus B (beschreibendes Modellieren), dem P1 und P5 zugeordnet werden können. Beide Probanden zeichnen sich vor allem dadurch aus, dass sie ihr Modell dahingehend auf Konsistenz prüfen, ob es die beobachteten Daten widerspruchsfrei abbildet. Anders als ein erklärender Modellierer haben sich die beschreibenden Modellierer darauf fokussiert, auf der Basis eines bestehenden Modells und in Anbetracht eines festgestellten Datenmusters eine plausible Vorstellung über den inneren Mechanismus der Blackbox zu finden. Während Typus A also von den Daten ausgehend nach einer Erklärung sucht, entwickelt Typus B auf der Grundlage einer Erwartung eine fortschreitend präzisere Vorstellung von der Blackbox, verbunden mit neuen Ideen über mögliche Inputs, die neue zu erwartende Outputs verursachen. Nach CAMPBELL, OH & NEILSON (2013) wäre auch dieses Vorgehen als *expressive modeling* zu bezeichnen.

Zwischen den beiden als beschreibende Modellierer charakterisierten Probanden P1 und P5 bestehen dennoch zwei deutliche Unterschiede. So steht die Exploration des Systems im Falle von P1 im Zeichen zahlreicher Äußerungen des Unverständnisses über die Daten und Fragen, die sich P1 stellt, die wiederum zu neuen Analogien führen und den Modellbildungsprozess auf diese Weise voranbringen. Durch die abwechselnden Fragen, die Analogiebildung und die Datenerhebung erscheint der Prozess unsystematisch. P5 exploriert hingegen insofern systematischer, als eine dreischrittige Exploration mit verschiedenen Inputs durchgeführt wird, in deren Folge nach Datenmustern gesucht wird. Modellbildung und Exploration bilden hier- bei viel stärker getrennte Phasen.

Dies geht einher mit dem zweiten Unterschied, der im Umgang mit einer festgestellten Inkonsistenz zwischen Modell und Daten besteht. Während P1 auf Inkonsistenz mit einer neuerlichen Datenerhebung reagiert, um die Daten zu replizieren, versucht P5 auf der Grundlage der bereits erhobenen Daten neue Ideen zu entwickeln.

Dem Typus C (technologisches Modellieren) lassen sich P2 und P4 zuordnen. Anders als bei Typus A und B steht hier die Analogiebildung im Vordergrund, auf deren Grundlage die Modelle entwickelt werden. Hierbei stehen also die auf der Grundlage der Daten entwickelten subjektiven Bezüge im Mittelpunkt, so dass ein Modell nur dann einer Konsistenzprüfung standhält, wenn die Analogie geeignet ist. Darin drückt sich der stärkere Bezug auf die Entwicklung eines funktionalen Modellobjekts (MAHR 2008) aus, so dass die fortschreitende Datenaufnahme zu immer neuen Analogien führt, die das Datenmuster besser abbilden können als zuvor.

Bei allen Gemeinsamkeiten in der Vorgehensweise besteht zwischen P2 und P4 ein elementarer Unterschied bezüglich der Konsistenzprüfung. Während P2 ein Modell dahingehend prüft, ob die Analogie als solche durch das Modell ideal repräsentiert wird und im Falle von Inkonsistenz die Analogie weiterentwickelt oder verwirft, prüft P4 auf der Ebene der Daten selbst und versucht im Falle von Inkonsistenz, Daten zu replizieren oder neue Datenmuster zu entwickeln. Auch dieses Vorgehen wäre nach CAMPBELL, OH & NEILSON (2013) als *expressive modeling* zu kennzeichnen.

Lediglich P3 lässt sich dem Typus D (prognostisches Modellieren) zuordnen. Sie gelangt als einzige in eine Anwendungsperspektive, indem sie aus einem entwickelten Modell eine Hypothese ableitet und diese testet, indem sie einen Input in die Blackbox füllt und den Output mit der Hypothese vergleicht. Eine falsifizierte Hypothese führt somit zu einer Veränderung des Modells, eine verifizierte Hypothese ist für P3 gleichbedeutend mit dem Ende der Modellierung, da sich das Modell schließlich bestätigt habe. Insofern lässt sich ein zyklischer Modellierungsprozess (KRELL, UPMEIER ZU BELZEN & KRÜGER 2016; CLEMENT 1989; JUSTI & GILBERT 2003) nachweisen, der allerdings nicht konsequent zu Ende gedacht ist. Idealtyptischerweise hätte das Modell mithilfe weiterer Hypothesen getestet werden können. Gleichwohl ist P3 eindeutig als prognostische Modelliererin zu kategorisieren. In der Terminologie von CAMPBELL, OH & NEILSON (2013) handelt es sich bei der Untersuchung von P3 um *experimental modeling*.

Hinsichtlich der Frage, inwiefern ein Zusammenhang zwischen dem Modellverstehen und den angewendeten Modellierungsstrategien besteht (F_3), zeichnet sich ein diffuses Bild ab. Insbesondere P3 wirft Zweifel daran auf, dass ein mediales Modellverstehen erwartungsgeleitete Modellierungsprozesse begünstigt (H_{3a}). Als einzige Bachelorstudentin in der Stichprobe hat sie mit einem durchschnittlichen Modellverstehen (Niveau II) eine hypothesengeleitete Blackbox-Untersuchung durchgeführt. In ihren Antworten zu den offenen Fragen finden sich keinerlei Bezüge zu einem anwendungsbezogenen Modellverstehen.

Insofern ist auf der Grundlage der Ergebnisse dieser Arbeit von keinem Kausalzusammenhang zwischen Modellverstehen und Modellierungsstrategie auszugehen. Insbesondere der Umstand, dass manche der offenen Fragen auf Niveaustufe III beantwortet worden sind, während der Modellierung allerdings außer P3 niemand die Perspektive eingenommen hat, dass die Zeichnung des Modellobjekts nicht nur ein Modell *vom* Inneren der Blackbox, sondern zugleich Modell *für* eine weitere Prüfung sein kann (GOUVEA & PASSMORE 2017; PASSMORE, GOUVEA & GIERE 2014; MAHR 2008), gibt Anlass zu einer weiteren Überprüfung, ob ein Zusammenhang besteht oder nicht.

6.2. Methodenkritik

Im Diskurs um die Notwendigkeit von aus der qualitativen empirischen Forschung stammenden Gütekriterien in qualitativ ausgerichteten Studien wird an dieser Stelle KUCKARTZ (2016, S.202) gefolgt, der sich für eine spezifische Anwendung und Modifikation der etablierten Gütekriterien (MILES, HUBERMAN & SALDANA 2014, S.311-316) ausspricht. Daher wird die vorliegende Studie hinsichtlich der *internen Studiengüte* (Zuverlässigkeit, Glaubwürdigkeit, intersubjektive Nachvollziehbarkeit etc.) und der *externen Studiengüte* (Übertragbarkeit, Verallgemeinerbarkeit) kritisch betrachtet.

6.2.1. Interne Studiengüte

Die einzelnen Untersuchungsschritte der vorliegenden Arbeit erforderten aufgrund der methodischen Vielgestaltigkeit unterschiedliche Maßnahmen zur Sicherstellung größtmöglicher Objektivität und Validität.

Die Codierung der offenen Fragen erfolgte anhand des bereits erprobten Kompetenzmodells der Modellkompetenz (UPMEIER ZU BELZEN & KRÜGER 2010). Dabei wurden die Antworten der sechs Probanden erst- und zweitcodiert und die Interrater-Reliabilität mittels *Cohens-Kappa* bestimmt. Wie HAMMANN & JÖRDENS (2014) sowie MAYRING (2010) darlegen, wurde damit jedoch eigentlich nicht die Reliabilität (SCHREIER 2014), sondern die Auswertungsobjektivität gewährleistet. Problematisch ist bei dem angewendeten Vorgehen, dass die Zweitcodierungen nicht allesamt von derselben Person vorgenommen worden sind. Eine Reliabilitätsprüfung in Form einer Bestimmung der Intrarater-Reliabilität wurde aus zeitökonomischen Gründen nicht vorgenommen. Da die Codierung der offenen Aufgaben allerdings zumeist eindeutig war, mindert die fehlende Reliabilitätsprüfung die Aussagekraft der Codierung nicht maßgeblich.

Es ließe sich fragen, ob die Erhebung des Modellverstehens mit offenen Fragen überhaupt ein sinnvolles und aussagekräftiges Verfahren ist. Problematisch bei der Codierung ist die Vorgabe, immer auf der höchsten in der Antwort erkennbaren Niveaustufe zu codieren. Dies führt dazu, dass der Verweis auf die Möglichkeit, Hypothesen zu überprüfen, automatisch als Niveaustufe III codiert wird, obwohl ein epistemologisches Modellverstehen dadurch gar nicht eindeutig festzustellen ist (z.B. Antwort von P4 zum Zweck von Modellen; Anhang 10.1., S.95). Dies stellt natürlich auch die Aussagekraft der Ergebnisse zu F_3 infrage.

Noch schwieriger stellt sich die Gütesicherung bei der Durchführung und Auswertung der videographierten Blackbox-Untersuchungen dar. Durchführungsobjektivität wird durch die Hinweise zur Durchführung der Untersuchung (Anhang 10.3., S.98) erreicht. Durch das festgelegte Vorgehen wird gewährleistet, dass alle Probanden annähernd identischen Rahmenbedingungen vor und während ihrer Untersuchung ausgesetzt sind. Die Hinweise enthalten auch eine Instruktion sowie drei Übungsaufgaben zum lauten Denken (SANDMANN 2016). Dieser Schritt ist essentiell, da das methodische Vorgehen von einer unmittelbaren Schlussfolgerung des gesprochenen Wortes auf den Gedanken der Probanden ausgeht (KRÜGER & RIEMEIER 2016). Durch die Vorübungen wird ein Beitrag dazu geleistet, dass die Probanden möglichst unbeschwert und routiniert ihre Gedanken unmittelbar aussprechen, so dass während der Blackbox-Untersuchung ein möglichst großer Anteil an kognitiven Prozessen sichtbar wird. Einzig P5 verfiel immer wieder in lange Pausen des Schweigens und musste durch den Versuchsleiter mehrfach darum gebeten werden, immer weiter zu sprechen. Es ist auch möglich, dass die Probanden während der Untersuchung einem Einfluss sozialer Erwünschtheit ausgesetzt sind, d.h. möglicherweise würden sie anders vorgehen, wenn der Versuchsleiter nicht mit im Raum säße oder keine Kameras dabei wären. Gleichwohl überwiegen die Vorteile des lauten Denkens die genannten Nachteile, die möglichst gut einzudämmen versucht worden sind.

Durch die Verwendung eines Transkriptionsleitfadens (Anhang 10.2., S.97) wurde sichergestellt, dass die Transkribierenden die vollständigen Interviews unter Einbeziehung sämtlicher für die Auswertung benötigter Informationen (z.B. Pausen, Füllwörter o.ä.) verschriftlicht haben. Dies trägt ebenfalls zur Objektivität und Verlässlichkeit bei. Auf der Grundlage dieser Trankskripte wurden die Äußerungen mithilfe des Kategoriensystems (Anhang 10.4., S.100) erst- und zweitcodiert, wobei die Codiereinheiten vom Erstcodierer festgelegt worden sind. Dies ist zwar ein etabliertes Verfahren und sinnvoll, weil die Codierung damit dieselben Abschnitte umfasst, dennoch gab es in der Besprechung nach der Codierung einige wenige Fälle, in denen der Zweitcodierer begründet darlegen konnte, warum die Trennung einer Äußerung in zwei Codiereinheiten nicht optimal gesetzt worden war. Zudem konnte auf diese Weise im Transkript von P5 (Anhang 10.5.5., S.123) eine Inkonsistenz identifiziert und behoben werden, bei der in Abs.75 die Codierung „Verwerfen des Modells" [Kategorie 10] eingefügt wurde, da vorher ein Modell existierte und anschließend ein neues Modell entwickelt wird. Zwangsläufig muss also dazwischen ein Verwerfen des alten Modells codiert werden.

Die sehr gute bis ausgezeichnete Interrater-Reliabilität der Codierungen spricht dafür, dass das Kategoriensystem (KRELL, WALZER, HERGERT & KRÜGER 2017) gut geeignet und anwendbar ist – insbesondere aufgrund der aussagekräftigen Ankerbeispiele und der trennscharfen Charakterisierungen der (Sub-)Kategorien. Die Besprechung der Codierungen hat dennoch zu Konsens in der Frage geführt, dass einige Modifikationen des Kategoriensystems sinnvoll wären. So sollte in den Anmerkungen zu Kategorie 3 vermerkt werden, dass auch eine Zusammenfassung der Daten an der Tafel als Zusammenfassung des beobachteten Verhaltens gilt. In den Anmerkungen zu Kategorie 4 sollte ergänzt werden, dass die Erwartung auch im Nachhinein genannt werden kann. Mit diesen Veränderungen wäre das Kategoriensystem noch eindeutiger.

Besonders im Hinblick auf die Entwicklung der Prozessschemata wurde Wert darauf gelegt, den Einfluss subjektiver und damit vager und nicht belegbarer Eindrücke des Verfassers zu begrenzen. Da die Pfeile zwischen zwei Tätigkeiten zunächst auf der Abfolge in den Codelines basieren und diese wiederum auf der Erst- und Zweitcodierung, ist zunächst von einer objektiven Grundlage auszugehen. Subjektiv wird dann die Entscheidung, einzelne Pfeile wegzulassen oder zu ergänzen, die sich nicht unmittelbar aus den Codelines ablesen lassen. Hier wäre es notwendig, die Intrarater-Reliabilität zu überprüfen, da die Prozessschemata zugleich die Grundlage für die Zuordnung zu den vier Modellierungsstrategien liefern. Es ist nicht auszuschließen, dass verschiedene Personen auf der Grundlage derselben Codelines zu variierenden Prozessschemata gelangen und dass auch der Verfasser mit zeitlichem Abstand zu abweichenden Ergebnisse gelangt. Zumindest letzteres hätte mit einer Prüfung auf Intrarater-Reliabilität kontrolliert werden können. Hierin besteht die größte methodische Schwäche der Arbeit. Es ist der Versuch unternommen worden, durch eine gründliche Textarbeit mit den Transkripten überzeugende Begründungen für die Prozessschemata zu finden und darzustellen.

6.2.2. Externe Studiengüte

Die Ergebnisse dieser Studie liefern zwar insbesondere hinsichtlich der Modellierungsstrategien neue, relevante Befunde, die aufgrund der geringen Stichprobengröße jedoch nicht verallgemeinerbar sind. Es ist davon auszugehen, dass die vorgeschlagene Typologie von Modellierungsstrategien im oben beschriebenen Sinne noch weiter modifiziert werden kann, so dass ein höheres Maß an Trennschärfe zwischen den vier Typen entsteht. Auch innerhalb der Typen sind noch Differenzierungen denkbar, so dass die Stichprobe bislang noch keinesfalls gesättigt ist (GLASER & STRAUSS 1998).

Die Stichprobe ist zudem nicht in ausreichendem Maße systematisch zusammengesetzt. Gerade zur Klärung von F_1 und F_2 wäre es sinnvoll, ein größeres Spektrum von Bachelor-Studierenden zu untersuchen, um einen möglichen Zusammenhang zwischen dem Fortschreiten im Studium sowie einem elaborierten Modellverstehen und Vorgehen bei einer Modellierung festzustellen. Dass P3 als einzige BachelorStudentin diese Hypothese widerlegt, ist ein interessantes Indiz, aber keineswegs ausreichend für eine generalisierbare Aussage. Gerade vor dem Hintergrund, dass in dieser Arbeit merkmalsheterogene (polythetische) Typen gebildet worden sind, die in sich möglichst homogen, in Abgrenzung zueinander jedoch möglichst heterogen sein sollen, bedarf es einer größeren und systematischer zusammengesetzten Stichprobe (KUCKARTZ 2016, S.150f.). Da die Stichprobe verglichen mit quantitativen Verfahren dann immer noch relativ klein wäre, sollte anstelle einer Zufallsstichprobe besser eine sorgfältig selektierte Stichprobe betrachtet werden (LAMNEK & KRELL 2016, S.3). Neben einem ausgewogenen Verhältnis von Bachelor- und Masterstudierenden könnte beispielsweise explizit nach Probanden mit stark ausgeprägtem Modellverstehen (Niveaustufe III) bzw. sehr schwach ausgeprägtem Modellverstehen (Niveaustufe I) gesucht werden. Eine derartige Stichprobe würde zu aussagekräftigeren Ergebnissen führen. Eine weitere Einflussgröße auf den Modellierungsprozess könnte beispielsweise auch Intelligenz sein, so dass die Stichprobe anhand dieser Parameter in Teilgruppen aufgeteilt werden könnte (hoher IQ/stark ausgeprägtes Modellverstehen; hoher IQ/schwach ausgeprägtes Modellverstehen usw.). Auf diese Weise könnten Variablen identifiziert werden, die den Modellierungsprozess maßgeblich beeinträchtigen.

Darüber hinaus muss hinsichtlich der Übertragbarkeit der Ergebnisse gerade in Bezug auf die Modellierungsstrategien der Kontext des Modellierungsprozesses betrachtet werden. Ob die Typologie der Modellierungsstrategien in dieser Weise auch auf weniger abstrakte Phänomene als die Blackbox anzuwenden ist, ist unklar. Im laufenden Forschungsdiskurs konnte gezeigt werden, dass beispielsweise für das Modellverstehen sowohl die Bezugsdisziplin (Biologie, Chemie oder Physik) das Antwortverhalten beeinflussen kann (KRELL, REINISCH & KRÜGER 2015) als auch das jeweilige Modell selbst (BAMBERGER & DAVIS 2013; KRELL 2013). Ähnlich könnte es im Falle der sehr abstrakten Blackbox sein, die eben aufgrund ihrer Eigenschaft, keinem biologischen Kontext verhaftet zu sein und die Probanden somit nicht hinsichtlich Motivation, Vorwissen, Interesse etc. beeinflusst, einen für diese Arbeit geeigneten Untersuchungsgegenstand bildet. Die Typologie der Modellierungsstrategien wurde jedoch in direktem Bezug auf die Blackbox-Untersuchungen entwickelt. Der technologische Modellierer wird beispielsweise besonders durch den Umgang mit Analogien charakterisiert. Dieser Typus wird möglicherweise auf Modellierungen in anderen Kontexten nicht anwendbar sein, weil bei konkreteren Originalen unter Umständen gar nicht so viele Analogien (auch im Sinne von Assoziationen) gebildet werden.

Darüber hinaus führt die Entwicklung der Typologie in unmittelbarer Auseinandersetzung mit der Blackbox dazu, dass die im Rahmen dieser Arbeit verwendeten Begriffe und die Modellierungsstrategien nicht adäquat auf andere Forschungsdesigns angewendet werden können. Die fünf Vorgehensweisen beim Modellieren nach CAMPBELL, OH & NEILSON (2013) lassen sich beispielsweise auf das Design dieser Arbeit nicht anwenden. Es wurde gezeigt, dass fünf der sechs Probanden demnach als expressive Modellierer kategorisiert werden müssten. Die vorgeschlagene Typologie erlaubt dabei jedoch eine sinnvolle und notwendige Differenzierung. Dabei hat sich die in Anlehnung an POPPER (1974) verwendete Unterscheidung zwischen Erwartungen und Hypothesen als belastbar und sinnvoll erwiesen. Inwieweit die Typologie auf andere Designs übertragbar ist, bleibt offen.

7 Schlussbetrachtung

7.1. Fazit

Mithilfe einer qualitativen Inhaltsanalyse konnte eine deduktiv aus dem Forschungsdiskurs entwickelte Typologie von Modellierungsstrategien erarbeitet werden, die als ein erster Versuch gelten kann, die bisherige Forschungslücke zu schließen. Bislang gibt es noch keine empirisch fundierte Konzeptualisierung von Problemlösestrategien beim Arbeiten mit Modellen (NICOLAOU & CONSTANTINOU 2014).

Im Rahmen dieser Arbeit werden vier Modellierungsstrategien unterschieden, die sich grob in zwei Dimensionen einteilen lassen: Beschreibende, erklärende und technologische Modellierer interagieren mit dem Original und tragen Erwartungen im Sinne subjektiver, vager Vermutungen über den Datenoutput mit sich. Dem gegenüber stehen prognostische Modellierer, die aus einem bereits entwickelten Modell Hypothesen ableiten und diese am Original testen. Dies führt zu einem zyklischen Forschungsprozess, bei dem falsifizierte Hypothesen zu einer Weiterentwicklung des Modells führen.

In der Stichprobe (n=6) konnten alle vier Typen nachgewiesen werden, wobei sich jedoch zeigt, dass die Typologie in sich noch nicht vollständig trennscharf ist und es einer größeren Stichprobe bedarf, um die Typologie zu überprüfen und auf diese Weise induktiv zu optimieren.

Es wurde zudem untersucht, ob ein Zusammenhang zwischen der Modellierungsstrategie als performativer Ausprägung von Modellkompetenz und dem Modellverstehen als metakognitiver Ausprägung besteht. In Anbetracht der Ergebnisse ist davon nicht auszugehen, da Probanden mit elaboriertem Modellverstehen (Niveau III) nicht prognostisch modelliert haben und die einzige Probandin, die Hypothesen aus ihrem Modell abgeleitet hat, über ein durchschnittlich ausgeprägtes Modellverstehen verfügt (Niveau II).

7.2. Desiderate

Während die biologiedidaktische Forschung mit der Entwicklung des Kompetenzmodells der Modellkompetenz (UPMEIER ZU BELZEN & KRÜGER 2010) und dessen empirischer Überprüfung (u.a. KRELL 2013; TERZER 2013; KRELL & KRÜGER 2016) bereits ein bewährtes Instrument zur Beschreibung und Diagnose von theoretischem Wissen über Modelle und Modellierungsprozesse vorgelegt hat, steht die Entwicklung eines Kompetenzstrukturmodells für das praktische Modellieren noch aus (NICOLAOU & CONSTANTINOU

© Springer Fachmedien Wiesbaden GmbH, ein Teil von Springer Nature 2019
L. Großmann, *Modellverstehen und Modellieren an einer Blackbox*,
BestMasters, https://doi.org/10.1007/978-3-658-25282-3_7

2014). Grundlage für die vorliegende Arbeit ist das von KRELL, WALZER, HERGERT & KRÜGER (2017) vorgeschlagene Kategoriensystem, das sich als Instrument zur systematischen Beschreibung von Modellierungsprozessen als nützlich erwiesen hat. Weitere Blackbox-Untersuchungen nach dem hier verwendeten Design wären jedoch notwendig, um die Stichprobe zu vergrößern und somit zu überprüfen, ob sich die Typologie der Modellierungsstrategien in der vorgeschlagenen Form bewähren kann.

Dies geht einher mit der Notwendigkeit, die Stichprobe systematischer zusammenzusetzen. Zwei Variablen, die den Problemlöseprozess bei der Arbeit mit der Blackbox maßgeblich beeinflussen könnten, sind zum einen der Intelligenzquotient und zum anderen Kompetenzen im Bereich naturwissenschaftlicher Erkenntnisgewinnung, wie sie in der Längsschnittstudie Ko-WADiS gemessen werden (MATHESIUS, UPMEIER ZU BELZEN & KRÜGER 2014). So ließe sich beispielsweise überprüfen, ob tatsächlich das mit den fünf offenen Fragen erhobene Modellverstehen einen Einfluss auf die Modellierungsfähigkeiten hat, oder ob sich diese auf Intelligenz oder Kompetenzen im Bereich der Erkenntnisgewinnung zurückführen lassen. So wäre es denkbar, dass in einer Vier-Felder-Matrix (hoher IQ/hoher Ko-WADiS-Wert – hoher IQ/niedriger Ko-WADiS-Wert – niedriger IQ/hoher Ko-WADiS-Wert – niedriger IQ/niedriger Ko-WADiS-Wert) die verschiedenen Modellierungsstrategien nicht gleichmäßig verteilt sind. Möglicherweise modellieren Probanden mit hohem IQ und hohem Ko-WADiS-Wert signifikant häufiger prognostisch (Typus D) als Probanden mit hohem IQ und niedrigem Ko-WADiS-Wert. Dass Probanden mit geringer Ausprägung in beiden Werten prognostisch modellieren, wäre überraschend.

Die Notwendigkeit von qualitativen Forschungsvorhaben, die die Problemlösekompetenz beim Umgang mit Modellen untersuchen (LOUCA & ZACHARIA 2012; SCHWARZ et al. 2009; ORSENNE 2016; KRELL et al. 2017), besteht vor allem in dem Potential, differenzierte Fördermaßnahmen für angehende Biologielehrkräfte zu entwickeln. Wenn es eine empirisch begründete Typologie von Modellierungsstrategien gäbe, die trennscharf verschiedene Typen beschreibt, dann ließen sich im Wissen um die Einflussfaktoren (IQ, Kompetenzen im Bereich naturwissenschaftlicher Erkenntnisgewinnung o.ä.) adressatengerechte Interventionen für angehende Biologielehrkräfte entwickeln.

Derartige Maßnahmen in der Lehramtsausbildung sind gerade vor dem Hintergrund eines überwiegend medialen Modellverstehens bei Lehrerinnen und Lehrern (GROSSLIGHT, UNGER, JAY & SMITH 1991; TRIER & UPMEIER ZU BELZEN 2009; GRÜNKORN & KRÜGER 2012) notwendig, das sich folglich in einer vorwiegend medialen Nutzung von Modellen im Unterricht niederschlägt (CRAWFORD & CULLIN 2005; KHAN 2011; KRELL & KRÜGER 2016). Da in den Bildungsstandards und damit auch in den Rahmenlehrplänen für das Fach Biologie explizit neben dem Beschreiben (Niveau I) und Erklären (Niveau II) eine kritische Prüfung von Modellen mittels Hypothesen (Niveau III) gefordert wird, sollten angehende Biologielehrkräfte vermehrt mit Lernsituationen konfrontiert werden, in denen sie selbst modellieren und ihren Modellierungsprozess reflektieren. Es sollte dabei vermieden werden, dass das Modellieren als Selbstzweck betrachtet wird. Stattdessen sollte vermittelt werden, dass es beispielsweise neben dem Experimentieren als gleichberechtigte naturwissenschaftliche Arbeitsweise zum Entdecken biologischer Phänomene genutzt werden kann.

Ausgehend von der Annahme, dass das metakognitive Modellverstehen und das performative Modellieren einander bedingen (SCHWARZ et al. 2009) und dass das Gesamtkonstrukt Modellkompetenz zwar im Bereich des Fachwissens (*content knowledge*) von Lehrkräften zu verorten ist, es zur didaktisch-methodischen Umsetzung und zur Diagnose von Förderbedarf aber auch fachdidaktischen Wissens (*pedagogical content knowledge*) bedarf, gilt es, eine einseitige Förderung von Modellverstehen im Lehramtsstudium zu vermeiden. Wie KRELL & KRÜGER (2016) zeigen, nutzen vor allem diejenigen Lehrkräfte Modelle im epistemologischen Sinne, die selbst über elaborierte Kenntnisse verfügen – insbesondere in der Teilkompetenz „Testen". Die Ergebnisse der vorliegenden Arbeit deuten daraufhin, dass ein theoretisches Verstehen dieser Teilkompetenz auf Niveaustufe III keineswegs automatisch zu einem prognostischen, hypothesengeleiteten Modellierungsprozess führt. Daher sollte das Lehrangebot im biologiedidaktischen Teil der Lehramtsausbildung auch daraufhin kritisch hinterfragt werden, ob es in ausreichendem Maße das praktische Modellieren anhand verschiedener Beispiele fördert und unter Rückgriff auf das Modellverstehen reflektiert. Derartige Maßnahmen würden im Bereich des fachdidaktischen Wissens auch die Herausforderungen zu reflektieren haben, die eine Anwendung des Modellierens im Biologieunterricht mit sich bringt (SCHWARZ et al. 2009). Neben einem authentischen Anlass für die Modellierung sollte die Unterrichtssituation eine adäquate wissenschaftliche Perspektive für die Schülerinnen und Schüler eröffnen. Dass das Modell nicht für die Lehrkraft entwickelt oder erst durch den Hinweis der Lehrkraft auf einen Mangel am Modellobjekt getestet und verändert wird, wäre die Voraussetzung für eine epistemologische Arbeit mit Modellen und eine schrittweise Heranführung an prognostische Modellierungsprozesse. Dazu bedarf es jedoch diagnostischer Kompetenzen der Lehrkraft, um diese Prozesse erkennen und didaktisch wirksam steuern zu können (VAN DRIEL & VERLOOP 1999), ohne dass eine als Erkenntnisgewinnungsstunde getarnte Lerneinheit in einer Fachwissensstunde mit einer medialen Nutzung von Modellen mündet.

Wenn dem Kompetenzbereich Erkenntnisgewinnung von bildungspolitischer Seite eine zunehmend größere Bedeutung beigemessen wird (KMK 2005, SENATSVERWALTUNG FÜR BILDUNG, JUGEND UND SPORT 2015), dann gilt es für den schulischen Kontext, beide Seiten des Lernprozesses in den Blick zu nehmen. Schülerinnen und Schüler werden kein umfassendes wissenschaftspropädeutisches Wissen über die Natur der Naturwissenschaften erlangen können, wenn ihre Lehrkräfte nicht selbst über solches verfügen. Da erstens das theoretische Wissen (*learning science*), zweitens Kompetenzen im Bereich naturwissenschaftlicher Arbeitsweisen (*doing science*) und drittens ein globales Verständnis über die Natur der Naturwissenschaften (*learning about science*) (HODSON 2014) keine disparaten Erscheinungen sind, sondern einander gegenseitig bedingen (MAYER 2007), sollte zunächst sichergestellt werden, dass diese Kompetenzen allesamt bei angehenden Biologielehrkräften gefördert werden. Die Arbeit mit Modellen bietet sich dafür exemplarisch an, da Modelle vielfältige Perspektiven auf naturwissenschaftliches Arbeiten (Erkenntnisgewinnung) ermöglichen und zugleich in sämtlichen Kontexten der Biologie für verschiedene Themen genutzt werden können (Fachwissen). Ein guter Biologieunterricht würde sich dadurch auszeichnen, Modelle in beiden Bereichen einzusetzen und das eine nicht gegen das andere auszuspielen. Dazu braucht es Lehrkräfte, die einen kompetenten Umgang mit Modellen erlernt haben.

Literaturverzeichnis

AMERICAN ASSOCIATION FOR THE ADVANCEMENT OF SCIENCE – AAAS (1990): Science for all Americans, Education for a chancing future. New York.

ARTELT, C., BAUMERT, J., KLIEME, E., NEUBRAND, M., PRENZEL, M., SCHIEFELE, U., SCHNEIDER, W., SCHÜMER, G., STANAT, P., TILLMANN, K.-J., WEIß, M. (Hrsg.) (2001): PISA 2000. Zusammenfassung zentraler Befunde. Max-Planck-Institut für Bildungsforschung, Berlin.

BAILER-JONES, D.M. (1999): Tracing the Development of Models in the Philosophy of Science. In: MAGNANI, L., N. J. NERSESSIAN & P. THAGARD [Hrsg.]: Model-Based Reasoning in Scientific Discovery. Kluwer Academic/Plenum Publishers: New York, S. 23-40.

BAMBERGER, Y. M., & DAVIS, E. A. (2013): Middle-school science students' scientific modelling performances across content areas and within a learning progression. *International Journal of Science Education*, *35*(2), S.213-238.

BAUMERT, J. & KUNTER, M. (2006): Stichwort: Professionelle Kompetenz von Lehrkräften. Zeitschrift *für Erziehungswissenschaft* (9),S.469-520.

BECK, K. & KRAPP, A. (2014): Wissenschaftstheoretische Grundlagen der Pädagogischen Psychologie. In: Krapp, A. & Weidenmann, B. (Hrsg.): Pädagogische Psychologie, 6. Auflage, Beltz: Weinheim, S.33-73.

BELL, R. L., MATKINS, J. J. & GANSNEDER, B. M. (2011): Impacts of contextual and explicit instruction on preservice elementary teachers' understandings of the Nature of Science. *Journal of Research in Science Teaching*, *48*, S.414–436.

BLÖMEKE, S., KAISER, G. & LEHMANN, R. (Hrsg.) (2008): Professionelle Kompetenz angehender Lehr-erinnen und Lehrer. Wissen, Überzeugungen und Lerngelegenheiten deutscher Mathematikstudierender und –referendare – Erste Ergebnisse zur Wirksamkeit der Lehrerausbildung. Münster: Waxmann.

BLÖMEKE, S., KAISER, G., LEHMANN, R., KÖNIG, J., DÖHRMANN, M., BUCHHOLTZ, C. & HACKE, S. (2009): TEDS-M: Messung von Lehrerkompetenzen im internationalen Vergleich. In O. ZLATKIN-TROITSCHANSKAIA, K. BECK, D. SEMBILL, R. NICKOLAUS & R. MULDER (Hrsg.): Lehrprofessionalität –Bedingungen, Genese, Wirkungen und Messung. Weinheim: Beltz, S.181-210.

BORTZ J. & DÖRING, N. (2006): Forschungsmethoden und Evaluation für Human und Sozialwissenschaftler (4. überarb. Aufl.), Berlin: Springer.

© Springer Fachmedien Wiesbaden GmbH, ein Teil von Springer Nature 2019
L. Großmann, *Modellverstehen und Modellieren an einer Blackbox*,
BestMasters, https://doi.org/10.1007/978-3-658-25282-3

BYBEE, R. W. (1997): Toward an understanding of scientific literacy. In W. Gräber & C. Bolte (Eds.), *Scientific Literacy: An international symposium,* Kiel: Institute of Science Education (IPN), S.37-68.

CAMPBELL, T., OH, P. S. & NEILSON, D. (2013): Reification of five types of modelling pedagogies with model-based inquiry (MBI) modules für high school science classrooms. In: M. S. KHINE & I. M. SALEH (Hrsg.): Approaches and strategies in next generation science learning, Hershey, PA, S.106-126.

CHENG, M.-F. & LIN, J.-L. (2015): Investigating the relationship between students' views of scientific models ans their development of models. *International Journal of Science Education, 37,* S. 2435–2475.

CLEMENT, J. (1989): Learning via model construction and criticism. In J. GLOVER, C. REYNOLDS, & R. ROYCE (Hrsg.), *Handbook of creativity,* Berlin: Springer, S.341–381.

CRAWFORD, B. & CULLIN, M. (2004): Supporting prospective teachers' conceptions of modeling in science. *International Journal of Science Education, 26,* S.1379-1401.

DRESING, T. & PEHL, T. (2015): Praxisbuch Interview. Transkription & Analyse. Anleitungen und Regelsysteme für qualitativ Forschende, 6. Auflage, Marburg.

DUDEN (2015): Das Fremdwörterbuch, 11. Auflage, Dudenverlag: Mannheim.

FLEIGE, J., SEEGERS, A., UPMEIER ZU BELZEN, A. & KRÜGER, D. (2012): Förderung von Modellkompetenz im Biologieunterricht. *Der mathematische und naturwissenschaftliche Unterricht,* 65, S.19-28.

GANSER, M. & HAMMANN, M. (2009): Hypothesen verändern können. Aufgaben zum Umgang mit unerwarteten Daten im Kontext historischer Experimente. In: Praxis der Naturwissenschaften - Biologie in der Schule, 58 (3), S. 39-43.

GIERE, R., BICKLE, J., & MAULDIN, R. (2006): Understanding scientific reasoning. London: Thomson Learning.

GLASER, B.G. und STRAUSS, A.L. (1998): Grounded Theory. Strategien qualitativer Forschung (Ersterscheinung 1967). Göttingen: H. Huber, S. 51-83.

GOGOLIN, S. & KRÜGER, D. (2017): Diagnosing Students' Understanding of the Nature of Models. In: *Research in Science Education,* 47 (5), S. 1127–1149.

GONZÁLEZ WEIL, C. (2006): Zusammenhang zwischen Konzeptwechsel und Metakognition. Empirische Untersuchungen über Verstehensprozesse im Bereich Zellbiologie in der 9. Jahrgangsstufe einer chilenischen Oberschule, Berlin.

GOUVEA, J. & PASSMORE, C. (2017): „Models of" versus "Models for". *Science & Education*, *26* (1-2), S.49-63.

GREVE, W. & WENTURA, D. (1997): Wissenschaftliche Beobachtung: Eine Einführung. Weinheim: Beltz.

GROPENGIEßER, H. (2013): *Experimentieren*. In: Fachdidaktik Biologie, hrsg.v. dems../Harms, U./ Kattmann, U., 9. (völlig überarb.) Auflage, Hallbergmoos, S.284-293.

GROSSLIGHT, L., C. UNGER, E. JAY & C. SMITH (1991): Understanding Models and their Use in Science: Conceptions of Middle and High School Students and Experts. Journal of Research in Science Teaching 28 (9), 799-822.

GRÜNKORN, J. & KRÜGER, D. (2012): Entwicklung und Evaluierung von Aufgaben im offenen Antwortformat zur empirischen Überprüfung eines Kompetenzmodells zur Modellkompetenz. In: U. Harms und F. Bogner (Hrsg.): *Lehr- und Lernforschung in der Biologiedidaktik*. Didaktik der Biologie - Standortbestimmung und Perspektiven. Innsbruck, Wien, Bozen, 5, S. 9-27.

GÜNTHER, S. L., FLEIGE, J., UPMEIER ZU BELZEN, A. & KRÜGER, D. (2016): Interventionsstudie mit angehenden Lehrkräften zur Förderung von Modellkompetenz im Unterrichtsfach Biologie. In C. GRÄSEL & K. TREMPLER (Hrsg.), Entwicklung von Professionalität pädagogischen Personals. Wiesbaden: VS, S. 215-236.

HAMMANN, M. (2004): Kompetenzentwicklungsmodelle: Merkmale und ihre Bedeutung - dargestellt anhand von Kompetenzen beim Experimentieren. In: *Der mathematische und naturwissenschaftliche Unterricht*. 57/4, S.196-203.

HAMMANN, M. (2007): Das Scientific Discovery as Dual Search-Modell. In: D. KRÜGER & H. VOGT (Hrsg.), *Theorien in der biologiedidaktischen Forschung*. Berlin und Heidelberg: Springer, S.187-196.

HAMMANN, M. & JÖRDENS, J. (2014): Offene Aufgaben codieren. In: D. KRÜGER, I. PARCHMANN & H. SCHECKER. *Methoden in der naturwissenschaftsdidaktischen Forschung*. Springer Berlin Heidelberg, S.169-178.

HARMS, U. (2007): Theoretische Ansätze zur Metakognition. In: D. KRÜGER & H. VOGT (Hrsg.): *Theorien in der biologiedidaktischen Forschung*. Berlin und Heidelberg: Springer, S.129-140.

HARTMANN, S., UPMEIER ZU BELZEN, A., KRÜGER, D. & PANT, H. (2015): Scientific Reasoning in Higher Education. *Zeitschrift für Psychologie (223)*, S.47–53.

HODSON D. (2014): Learning Science, Learning about Science, Doing Science: Different goals demand different learning methods, International Journal of Science Education, (36)15, S.2534-2553.

HÖTTECKE, D. & RIEß, F. (2015): Naturwissenschaftliches Experimentieren im Lichte der jüngeren Wissenschaftsforschung – Auf der Suche nach einem authentischen Experimentbegriff der Fachdidaktik. In: *Zeitschrift für Didaktik der Naturwissenschaften,* 21 (1), S.127-139.

JUSTI, R. & GILBERT, J.K. (2003): Teacher's views on the nature of models. *International Journal of Science Education, 25,* S.1369–1386.

JUSTI, R. & GILBERT, J.K. (2016): Modelling-based Teaching in Science Education. Springer International Publishing.

KATTMANN, U. (2013): Diagramme. In: H. GROPENGIEßER , U. HARMS & U. KATTMANN (Hrsg.): Fachdidaktik Biologie (9. völlig überarbeitete Auflage), Aulis: Hallbergmoos, S.284-293.

KELLE, U. & KLUGE, S. (2010): Vom Einzelfall zum Typus. Fallvergleich und Fallkontrastierung in der qualitativen Sozialforschung (2. überarbeitete Auflage), Wiesbaden: Verlag für Sozialwissenschaften.

KHAN, S. (2011): What's missing in model-based teaching. *Journal of Science Teacher Education* (22), S. 535-560.

KLAHR, D. & DUNBAR, K. (1988): Dual space search during scientific reasoning. *Cognitive science, 12*(1), S.1-48.

KLAHR, D., FAY, A. L. & DUNBAR, K. (1993). Heuristics for scientific experimentation: A developmental study. *Cognitive psychology, 25*(1), S. 111-146.

KLAHR, D. (2000): Exploring Science. The Cognition and Development of Discovery Processes. Massachusetts: Institute of Technology.

KLUGE, S. (1999): Empirisch begründete Typenbildung. Zur Konstruktion von Typen und Typologien in der qualitativen Sozialforschung, Wiesbaden.

KMK (SEKRETARIAT DER STÄNDIGEN KONFERENZ DER KULTUSMINISTER DER LÄNDER IN DER BUNDESREPUBLIK DEUTSCHLAND) (Hrsg.) (2004): Standards für die Lehrerbildung: Bildungswissenschaften. Beschluss der Kultusministerkonferenz vom 16.12.2004 *Zeitschrift für Pädagogik 51 (2), S. 280-290.*

KMK (SEKRETARIAT DER STÄNDIGEN KONFERENZ DER KULTUSMINISTER DER LÄNDER IN DER BUNDESREPUBLIK DEUTSCHLAND) (Hrsg.) (2005): Bildungsstandards im Fach Biologie für den Mittleren Schulabschluss. München und Neuwied: Wolters Kluwer.

KNUUTTILA, T. (2005): Models, representation, and mediation. *Philosophy of Science*, 72, S.1260-1271

KNUUTTILA, T. (2011): Modelling and representing: An artefactual approach to model-based representation. *Studies in History and Philosophy of Science*, 42, S.262-271.

KOCH, S., KRELL, M. & KRÜGER, D. (2015): Förderung von Modellkompetenz durch den Einsatz einer *Blackbox*. Erkenntnisweg. Biologiedidaktik, 14, S.93–108.

KÖNIG, J. & BLÖMEKE, S. (2009): Pädagogisches Wissen von angehenden Lehrkräften. *Zeitschrift für Erziehungswissenschaft*, *12*(3), S.499-527.

KRELL, M. (2013): Wie Schülerinnen und Schüler biologische Modelle verstehen: Erfassung und Beschreibung des Modellverstehens von Schülerinnen und Schülern der Sekundarstufe I. Logos.

KRELL, M., UPMEIER ZU BELZEN, A. & KRÜGER, D. (2016): Modellkompetenz im Biologieunterricht. In: A. Sandmann & P. Schmiemann (Hrsg.) Biologiedidaktische Forschung: Schwerpunkte und Forschungsstände. Logos, Band 1, S.83-102.

KRELL, M. & KRÜGER, D. (2013): Wie werden Modelle im Biologieunterricht eingesetzt? Ergebnisse einer Fragebogenstudie. *Erkenntnisweg Biologiedidaktik*, 12, S.9-26.

KRELL, M. & KRÜGER, D. (2016): Testing models: A key aspect to promote teaching-activities related to models and modelling in biology lessons? Journal of Biological Education,50, S.160-173.

KRELL, M., WALZER, C., HERGERT, S. & KRÜGER, D. (2017): Development and Application of a Category System to Describe Pre-Service Science Teachers' Activities in the Process of Scientific Modelling. In: *Research in Science Education* (https://doi.org/10.1007/s11165-017-9657).

KRELL, M., REINISCH, B., & KRÜGER, D. (2015): Analyzing students' understanding of models and modeling referring to the disciplines biology, chemistry, and physics. *Research in Science Education* (45), S.367–393.

KRÜGER, D., PARCHMANN, I. & SCHECKER, H.(Hrsg.) (2014): Methoden in der naturwissenschaftsdidaktischen Forschung. Springer Berlin Heidelberg

KRÜGER, D. & RIEMEIER, T. (2014): Die qualitative Inhaltsanalyse – eine Methode zur Auswertung von Interviews. In: D. KRÜGER, I. PARCHMANN & H. SCHECKER (Hrsg.): *Methoden in der naturwissenschaftsdidaktischen Forschung*. Berlin und Heidelberg: Springer, S.133-145.

KRÜGER, D., KAUERTZ, A. & UPMEIER ZU BELZEN, A. (2018): Modelle und das Modellieren in den Naturwissenschaften. In: D. Krüger, I. Parchmann & H. Schecker (Hrsg.): *Theorien in der naturwissenschaftsdidaktischen Forschung*. Berlin und Heidelberg: Springer, S.141-157.

KRÜGER, D. & VOGT, H. (2007): Es gibt nichts Praktischeres als eine gute Theorie, in: DIES. (Hrsg.): *Theorien in der biologiedidaktischen Forschung*. Berlin und Heidelberg: Springer, S.1-7.

KUCKARTZ, U. (2010): Typenbildung. In: G. MEY & K. MRUCK (Hrsg.): Handbuch qualitative Forschung in der Psychologie, S. 553-568.

KUCKARTZ, U. (2016): Qualitative Inhaltsanalyse. Methoden, Praxis, Computerunterstützung (3. überarbeitete Auflage), Weinheim: Beltz Juventa.

LACHMAYER, S.(2008): Entwicklung und Überprüfung eines Strukturmodells der Diagrammkompetenz für den Biologieunterricht, Kiel.

LAMNEK, S. & KRELL, C. (2016): Qualitative Sozialforschung. Lehrbuch, 6.Auflage, Beltz: Weinheim.

LANGLET, J. (2013): *Kultur der Naturwissenschaften*. In: Fachdidaktik Biologie, hrsg.v. Gropengießer, H./Harms, U./ Kattmann, U. (9. völlig überarb. Auflage), Aulis: Hallbergmoos, S.80-97.

LEDERMAN, N., & ABD-EL-KHALICK, F. (2002): Avoiding de-natured science. In W. McComas (Hrsg.): *The Nature of Science in science education*, S.83–126.

LEE, S. & KIM, H.-B. (2014): Exploring secondary students' epistemological features depending on the evaluation levels of the group model on blood circulation. *Science & Education* (23), S.1075-1099.

LOUCA, L., & ZACHARIA, Z. (2012): Modeling-based learning in science education. *Educational Review, 64*, S.471–492.

LOUCA, L., & ZACHARIA, Z. (2015): Examining Learning Through Modeling in K-6 Science Education. *Journal of Science Education and Technology* (24), S.192–215.

MAHR, B. (2008). Ein Modell des Modellseins. Ein Beitrag zur Aufklärung des Modellbegriffs. In: U. DIRKS & E. KNOBLOCH (Hrsg.), *Modelle*. Frankfurt am Main: Peter Lang, S. 187–218.

MÄKI, U. *(2005)*: Models are experiments, experiments are models. In: *Journal of Economic Methodology*, (12:2), S.303 - 315.

MATHESIUS, S., UPMEIER ZU BELZEN, A. & KRÜGER, D. (2014): Kompetenzen von Biologiestudierenden im Bereich der naturwissenschaftlichen Erkenntnisgewinnung: Entwicklung eines Testinstruments. *Erkenntnisweg Biologiedidaktik* (13), S.73-88.

MAYER, J., U. HARMS, M. HAMMANN, H. BAYRHUBER & U. KATTMANN (2004): Kerncurriculum Biologie der gymnasialen Oberstufe. MNU 57, S.166-173.

MAYER, J. (2007): Erkenntnisgewinnung als wissenschaftliches Problemlösen. In: D. Krüger & H. Vogt (Hrsg.), *Theorien in der biologiedidaktischen Forschung.* Berlin und Heidelberg: Springer, S.177-186.

MAYER, J., & WELLNITZ, N. (2014): Die Entwicklung von Kompetenzstrukturmodellen. In: *Methoden in der naturwissenschaftsdidaktischen Forschung.* Springer: Berlin, Heidelberg, S.19-29.

MAYRING, P. (2010): Qualitative Inhaltsanalyse. In: Mey, G., Mruck, K. (Hrsg.): Handbuch qualitative Forschung in der Psychologie, Springer VS: Wiesbaden, S.601-613.

MILES, M.B., HUBERMAN, A.M. & SALDANA, J. (2014): Qualitative Data Analysis. A Methods Sourcebook, 3. Auflage. Los Angeles: Sage Publications.

MÜLLER, J. (2016): Professionelle Kompetenzen und Professionswissen im Lehrberuf – Verändert Fortbildung das Professionswissen? Pädagogische Hochschule Weingarten.

NICOLAOU, C. & CONSTANTINOU, C. (2014): Assessment of the modeling competence. *Educational Research Review, 13*, S. 52–73.

OH, P. S. & OH, S. J. (2011): What Teachers of Science Need to Know about Models: An overview. *International Journal of Science Education, 33 (8)*, S.1109–1130.

ORSENNE, J. (2016):Aktivierung von Schülervorstellungen zu Modellen durch praktische Tätigkeitender Modellbildung (Dissertation). Humboldt Universität zu Berlin. Verfügbar unter http://edoc.huberlin.de/dissertationen/orsenne-juliane-2015-/1-26/PDF/orsenne.pdf

PAPAEVRIPIDOU, M., NICOLAOU, C.Th. & CONSTANTINOU, C.P. (2014): On Defining and Assessing Learners' Modeling Competence in Science Teaching and Learning. Paper to be presented at the annual meeting of American Educational Research Association (AERA) 2014, Philadelphia, Pennsylvania, USA.

PASSMORE, C., GOUVEA, J. & GIERE, R. (2014): Models in science and in learning science. In M. Matthews (Hrsg.), International handbook of research in history, philosophy and science teaching. Dordrecht: Springer, S.1171-1202.

POPPER, K.R.(1934): Logik der Forschung, 10. Auflage, Tübingen 1994.

POPPER, K.R. (1974). Objektive Erkenntnis, Hamburg: Hoffmann und Campe.

REICHERTZ, J. (2003): Die Abduktion in der qualitativen Sozialforschung. Über die Entdeckung des Neuen. Wiesbaden: Springer.

REINISCH, B. & KRÜGER, D. (2014): Vorstellungen von Studierenden über Gesetze, Theorien und Modelle in der Biologie. *Erkenntnisweg Biologiedidaktik, 13*, S.41-56.

RITCHEY, T. (2012): Outline for a morphology of modelling methods: Contribution to a general theory of modelling. *Acta Morphologica Generalis* (1), S.1–20.

ROBERTS, D. A. (2007): Scientific literacy/ Science Literacy. In S. K. ABELL & N. G. LEDERMAN (Hrsg.), *Handbook of research on science education*. Mahwah, NJ, S.729-780.

SANDMANN, A. (2014). Lautes Denken – die Analyse von Denk-, Lern-und Problemlöseprozessen. In: D. KRÜGER, I. PARCHMANN & H. SCHECKER (Hrsg.): *Methoden in der naturwissenschaftsdidaktischen Forschung* (pp.). Springer Berlin Heidelberg, S.179-188

SCHREIER, M. (2014): Varianten qualitativer Inhaltsanalyse: Ein Wegweiser im Dickicht der Begrifflichkeiten, Forum: Qualitative Sozialforschung, 15 (1), S.1-27.

SCHWARZ, C. & WHITE, B. (2005): Metamodeling knowledge: Developing students' understanding of scientific modeling. *Cognition and Instruction*, 23, S.165-205.

SCHWARZ, C., REISER, B., DAVIS, E., KENYON, L., ACHÉR, A., FORTUS, D., KRAJCIK, J. (2009): Developing a learning progression for scientific modeling. *Journal of Research in Science Teaching, 46*, S. 632–654.

SENATSVERWALTUNG FÜR BILDUNG, JUGEND UND SPORT BERLIN (Hrsg.) (2015): Rahmenlehrplan für die Sekundarstufe I (Jahrgangsstufe 7-10) – *Biologie*, Berlin.

SHULMAN, L.S. (1986): Those who understand: Knowledge growth in teaching. *Educational researcher, 15*(2), S.4-14.

SHULMAN, L.S. (1987): Knowledge and teaching: foundations of the new reform. *Harvard Educational Review (57)*, S.1–22.

STACHOWIAK, H. (1973): Allgemeine Modelltheorie. Wien & New York: Springer.

STAMANN, C., JANSSEN, M. & SCHREIER, M. (2016): Qualitative Inhaltsanalyse – Versuch einer Begriffsbestimmung und Systematisierung. In: *Forum Qualitative Sozialforschung, 17* (3), Art.16.

TEPNER, O., BOROWSKI, A., DOLLNY, S., FISCHER, H., HÜTTNER, M., KIRSCHNER, S.,WIRTH, J. (2012): Modell zur Entwicklung von Testitems zur Erfassung des Professionswissens von Lehrkräften in den Naturwissenschaften. *Zeitschrift für Didaktik der Naturwissenschaften (18)*, S.7–28.

TERZER, E. (2013): Modellkompetenz im Kontext Biologieunterricht (Doctoral dissertation, Humboldt-Universität zu Berlin, Mathematisch-Naturwissenschaftliche Fakultät I).

TREAGUST, D. F., CHITTLEBOROUGH, G. & MAMIALA, T.L. (2002): Students' understanding of the role of scientific models in learning science. *International Journal of Science Education 24*(4), S.357-368.

TRIER, U. & UPMEIER ZU BELZEN, A. (2009): "Wissenschaftler nutzen Modelle, um etwas Neues zu entdecken, und in der Schule lernt man einfach nur, dass es so ist". Schülervorstellungen zu Modellen. In: *Erkenntnisweg Biologiedidaktik 8*, S.23–37.

UPMEIER ZU BELZEN (2013): *Unterrichten mit Modellen*. In: Gropengießer, H., Harms, U. & Kattmann, U. (Hrsg.): Fachdidaktik Biologie, 9. Auflage, Aulis: Hallbergmoos 2013, S.325-334.

UPMEIER ZU BELZEN, A. & KRÜGER, D. (2010): Modellkompetenz im Biologieunterricht. In: *Zeitschrift für Didaktik der Naturwissenschaften*, Jg. 15, S.41-57.

VAN DRIEL, J. H., VERLOOP, N., & DE VOS, W. (1998): Developing science teachers' pedagogical content knowledge. *Journal of Research in Science Teaching* (6), S.673–695.

VAN DRIEL, J., & VERLOOP, J. (1999): Teachers' Knowledge of Models and Modelling in Science. *International Journal of Science Education* (21), S.1141–1153.

VAN JOOLINGEN, W. (2004): Roles of modeling in inquiry learning. Paper presented at the IEEE International Conference on Advanced Learning Technologies. Joensuu, Finland.

WEINERT, F. E. (2001). Vergleichende Leistungsmessung in Schulen – eine umstrittene Selbstverständlichkeit. In: *Leistungsmessungen in Schulen*, S.17-32.

WINDSCHITL, M., THOMPSON, J. & BRAATEN, M. (2008): Beyond the scientific method: Model-based inquiry as a new paradigm of preference for school science investigations. *Science Education* (92), S. 941-967.

WIRTZ, M. A. & CASPAR, F. (2002): Beurteilerübereinstimmung und Beurteilerreliabilität: Methoden zur Bestimmung und Verbesserung der Zuverlässigkeit von Einschätzungen mittels Kategoriensystemen und Ratingskalen. Bern: Hogrefe.

Anhang

A   Antworten zu den offenen Aufgaben zum Modellverstehen 95

B   Transkriptionsleitfaden… 99

C   Hinweise zur Durchführung der Blackbox-Untersuchung 101

D   Kategoriensystem zur Blackbox-Untersuchung 103

A Antworten zu den offenen Aufgaben zum Modellverstehen

	Eigenschaften	Alternative	Zweck	Testen	Ändern
	Inwiefern entspricht ein Modell seinem biologischen Ausgangsobjekt?	*Aus welchen Gründen gibt es zu einem biologischen Augangsobjekt verschiedene Modelle?*	*Welchen Zweck erfüllen Modelle in der Biologie?*	*Wie lässt sich überprüfen, ob ein biologisches Modell seinen Zweck erfüllt?*	*Nennen Sie Gründe, warum ein gegebenes biologisches Modell verändert wird?*
P1	Ein Modell entspricht dem Ausgangsobjekt in spezifischen Gesichtspunkten. Z.B. Aussehen, Funktion. In den meisten Eigenschaften entspricht es dem Original jedoch nicht.	- Unterschiedliche Gesichtspunkte Aussehen/ Funktion; -Basieren auf unterschiedlichen Theorien	- Ableiten von Theorien; - Vereinfachen von komplexen Sachverhalten	- Ableiten von Hypothesen -> Testen am Original; - Überprüfung aller am Original gewonnenen Erkenntnisse	Es widerspricht neuen Erkenntnissen am Original. Es erfüllt nicht den gewünschten Zweck.
P2	Ein Modell soll vereinfacht die wichtigsten biologischen Aspekte veranschaulichen und erklären. Dabei ist es wichtig, dass das Modell in der Grundfunktion (physikalisch, ...) dem Original entspricht und keine Fehlvorstellung zum Ausgangsobjekt hervorruft.	-verschiedene Modelle veranschaulichen verschiedene Aspekte des Ausgangsobjektes gesondert fokussiert - Ein Modell erklärt einen Sachverhalt nur teilweise und benötigt Ein weiteres Modell zur Vervollständigung der Funktion des Ausgangsobjekt	-vereinfachte Darstellung des relevanten Sachverhalts, sowie Vermittlung dieser - Überprüfung von Hypothesen *(pink markiert)*	- Überprüfen, ob das Modell das gleiche Ergebnis (Funktion etc.) liefert wie das Ausgangsobjekt lasse sich durch das Objekt Hypothesen beantworten oder widerlegen *(pink markiert)*	- Modell entspricht nicht dem Ausgangsobjekt - liefert nicht die gewünschten Ergebnisse - Es lassen sich keine neuen Erkenntnisse aus dem Modell gewinnen *(pink markiert)*

	Eigenschaften	Alternative	Zweck	Testen	Ändern
	Inwiefern entspricht ein Modell seinem biologischen Ausgangsobjekt?	*Aus welchen Gründen gibt es zu einem biologischen Augangsobjekt verschiedene Modelle?*	*Welchen Zweck erfüllen Modelle in der Biologie?*	*Wie lässt sich überprüfen, ob ein biologisches Modell seinen Zweck erfüllt?*	*Nennen Sie Gründe, warum ein gegebenes biologisches Modell verändert wird?*
P3	Mit einem Modell versucht man biologische Mechanismen, Schemas oder anderes zu veranschaulichen, daher ist ein Modell eine vereinfachte Darstellung des Ausgangsobjekts. Es kann nie alle Aspekte des Ausgangsobjekts umfassen und ist daher auch lückenhaft.	Das eine vollkommene Modell kann es nicht geben, da nie alle Aspekte berücksichtigt werden können. Es gibt verschiedene Modelle, weil auch der Ersteller des Modells sein Augenmerk immer auf verschiedene Aspekte sowie Schwerpunkte legt. Des Weiteren sollen Modelle das Ausgangsobjekt veranschaulichen, sind daher auch abhängig von der jeweiligen Zielgruppe, die das Modell anschauen. Somit ist ein Modell für Schüler der 1. Klasse anders als ein Modell für Studenten	Ein Modell dient der Veranschaulichung von Abläufen, Aufbauten und anderen Objekten. Es soll beispielsweise chemische Abläufe der Zelle so darstellen, dass sie verstanden werden.	Zum einen muss das Modell auf Richtigkeit überprüft werden. Des Weiteren muss es eine genaue Vorstellung von dem Zweck geben. Was soll mein Modell darstellen? Es ist daher ein gutes Modell, wenn es den erstellten Bedingungen gerecht wird und einen Sachverhalt richtig oder zumindest verständlich darstellt. Viele Modelle sind zu stark vereinfacht und daher falsch, dennoch helfen sie beim Verständnis des Sachverhaltes.	Das Modell könnte zu vereinfacht sein. Das Modell könnte zu kompliziert sein. Das Modell könnte fehlerhaft sein. Das Modell könnte lückenhaft sein. Das Modell könnte nicht verständlich sein.

	Eigenschaften	Alternative	Zweck	Testen	Ändern
	Inwiefern entspricht ein Modell seinem biologischen Ausgangsobjekt?	*Aus welchen Gründen gibt es zu einem biologischen Augangsobjekt verschiedene Modelle?*	*Welchen Zweck erfüllen Modelle in der Biologie?*	*Wie lässt sich überprüfen, ob ein biologisches Modell seinen Zweck erfüllt?*	*Nennen Sie Gründe, warum ein gegebenes biologisches Modell verändert wird?*
P4	Es kommt darauf an, was mit dem Modell bewiesen/gezeigt werden soll. Das Modell stimmt nie 100%ig mit dem Original überein. Wenn ich den Aufbau darstellen will, muss das Modell nicht die Funktion darstellen müssen und umgekehrt.	1) Es gibt verschiedene Modelle je nachdem, was ich zeigen will, ob Funktion, Aufbau, Struktur etc. 2) Es können verschiedene Modelle vorhanden sein, je nach naturwissenschaftlichen Kenntnisstand.	1) Um Sachverhalte anschaulich darzustellen. 2) Um Hypothesen zu überprüfen.	1) Das Modell testen, indem es der Umwelt und Bedingungen wie das Original ausgesetzt ist. 2) Die Menschen befragen, welche (Er-) Kenntnisse sie daraus ziehen und mit dem Gewollten vergleichen.	1) Es treten neue Erkenntnisse zum Original auf. 2) Es gibt neue Möglichkeiten (z.B. durch Technik) das Modell zu vereinfachen.
P5	Modelle sollen als Abbildungen eines biologischen Objekts dienen, d.h. sie sollen möglichst genau die Realität aufzeigen. Somit kann ein Modell immer nur einen bestimmten Teil eines Ausgangsobjekts abbilden, es entspricht jedoch niemals zu einhundert Prozent der Realität.	Meines Erachtens gibt es für ein biologisches Ausgangsobjekt immer mehrere Alternativen, da es erstens darauf ankommt, welchen Aspekt des Ausgangsobjekts die Person abbilden möchte und zweitens in welcher Weise, bzw. mit welchen Hilfsmitteln die Person das Modell erstellt.	Modelle sollen möglichst die Realität eines Ausgangsobjektes widerspiegeln, sodass Personen anhand des Modells Erkenntnisse gewinnen können, die sie später auch in der Realität anwenden können. Des Weiteren können mit Modellen biologische Systeme erklärt werden, sofern sie realitätsnah abgebildet sind.	Der Zweck muss mit geeigneten Methoden getestet werden, sodass das Modell zeigt, was es zeigen soll. Durch das Aufstellen und Überprüfen von Hypothesen, kann der Zweck eines Modells überprüft werden.	Das Modell kann auch nach verschiedenen Anwendungen seinen Zweck nicht erfüllen. Neue Forschungsergebnisse beweisen, dass das Modell untauglich ist, sodass hier Veränderungen oder ggf. die Verwerfung des Modells erforderlich wird.

	Eigenschaften	Alternative	Zweck	Testen	Ändern
	Inwiefern entspricht ein Modell seinem biologischen Ausgangsobjekt?	*Aus welchen Gründen gibt es zu einem biologischen Augangsobjekt verschiedene Modelle?*	*Welchen Zweck erfüllen Modelle in der Biologie?*	*Wie lässt sich überprüfen, ob ein biologisches Modell seinen Zweck erfüllt?*	*Nennen Sie Gründe, warum ein gegebenes biologisches Modell verändert wird?*
P6	Ein Modell stellt das biologische Ausgangsobjekt in Struktur, Form und Funktion vereinfacht dar. Details werden außer Acht gelassen, ebenso wie individuelle Besonderheiten.	1. unterschiedlicher Fokus -> verschiedene Modelle wollen verschiedene Schwerpunkte verdeutlichen; 2. unterschiedliche Funktion unabhängig voneinander dargestellt	1. vereinfachte Darstellung komplexer Systeme -> schwierige Zusammenhänge verständlich darstellen für jedermann; 2. Veranschaulichung mit Fokus auf das Relevante/ Wichtige	1. es von möglichst vielen Personen unter gleichbleibenden Bedingungen testen lassen -> Befragung im Anschluss	1. weil es neue Forschungsergebnisse gibt & diese Dinge nun im Modell berücksichtigt werden müssen -> Verbesserung/ Vollständigkeit; 2. weitere Vereinfachungen möglich, welche es noch leichter verständlich machen würden

B   Transkriptionsleitfaden

Die Transkription (d.h. die Setzung der Zeitmarken; s.u.) beruht auf der Videodatei der Übersichtskamera; bei Bedarf wird auf die anderen Videos oder die Audiodatei zurückgegriffen.

Es wird wörtlich transkribiert, also nicht lautsprachlich oder zusammenfassend. Vorhandene Dialekte werden möglichst wortgenau ins Hochdeutsche übersetzt. Wenn keine eindeutige Übersetzung möglich ist, wird der Dialekt beibehalten, zum Beispiel: „Ich gehe heuer auf das Oktoberfest".

Wortverschleifungen werden nicht transkribiert, sondern an das Schriftdeutsch angenähert. Beispielsweise „Er hatte noch so'n Buch genannt" wird zu „Er hatte noch so ein Buch genannt" und „hamma" wird zu „haben wir". Die Satzform wird beibehalten, auch wenn sie syntaktische Fehler beinhaltet, beispielsweise: „bin ich nach Kaufhaus gegangen".

Wort- und Satzabbrüche sowie Stottern werden geglättet bzw. ausgelassen, Wortdoppelungen nur erfasst, wenn sie als Stilmittel zur Betonung genutzt werden: „Das ist mir sehr, sehr wichtig.". „Ganze" Halbsätze, denen nur die Vollendung fehlt, werden jedoch erfasst und mit dem Abbruchzeichen / gekennzeichnet.

Interpunktion wird zu Gunsten der Lesbarkeit geglättet, das heißt bei kurzem Senken der Stimme oder uneindeutiger Betonung wird eher ein Punkt als ein Komma gesetzt. Dabei sollen Sinneinheiten beibehalten werden.

Pausen werden durch drei Auslassungspunkte in Klammern (…) markiert.

Verständnissignale des gerade nicht Sprechenden wie „mhm, aha, ja, genau, ähm" etc. werden nicht transkribiert. AUSNAHME: Ein Einwurf / eine Äußerung besteht NUR aus „mhm" ohne jegliche weitere Ausführung. Dies wird als „mhm (bejahend)", oder „mhm (verneinend)" erfasst, je nach Interpretation.

Besonders betonte Wörter oder Äußerungen werden durch GROSSSCHREIBUNG gekennzeichnet.

Emotionale nonverbale Äußerungen der befragten Person und des Interviewers, die die Aussage unterstützen oder verdeutlichen (etwa wie lachen oder seufzen), werden beim Einsatz in Klammern notiert.

Unverständliche Wörter werden mit (unv.) gekennzeichnet. Längere unverständliche Passagen sollen möglichst mit der Ursache versehen werden (unv., Handystörgeräusch) oder (unv., Mikrofon rauscht). Vermutet man einen Wortlaut, ist sich aber nicht sicher, wird das Wort bzw. der Satzteil mit einem Fragezeichen in Klammern gesetzt. Zum Beispiel: (Xylomethanolin?).

Handlungen der Probanden werden in eckigen Klammern ergänzt. Dabei werden nur die folgenden Handlungen in das Transkript aufgenommen: [BBin] = Proband gibt Input in Blackbox; [BBout] = Proband beobachtet Output von Blackbox; [TAFEL] = Proband zeichnet/ schreibt/ wischt an Tafel. Die eckigen Klammern werden zu Beginn und zum Ende der Handlung gesetzt und rahmen die Verbalisierung während der betreffenden Handlung somit ein. Außerdem wird [P wischt alles weg] ergänzt, wenn der Proband/ die Probandin ein gezeichnetes Modell vollständig von der Tafel entfernt.

Absätze mit Verbalisierungen des Testleiters/ der Testleiterin werden durch ein „T:", solche mit Verbalisierungen des Probanden/ der Probandin durch ein „P:" eingeführt.

Das Transkript wird in zwei Durchgängen angefertigt. Erster Durchgang: Absätze werden nur bei einem Wechsel der sprechenden Person eingefügt oder bei EINDEUTIGEM Wechsel der Tätigkeit (=Kategorie). Zweiter Durchgang: Die einzelnen Absätze werden nach Tätigkeit bzw. Ausprägung (=Kategorien/ Subkategorie) strukturiert, d.h. bei Beginn einer neuen Tätigkeit bzw. Ausprägung wird ein Absatz eingefügt.

Zu Beginn jedes Absatzes wird eine Zeitmarke eingefügt. Zwischen Absätzen wird keine (!) Leerzeile eingefügt.

Das Transkript wird als Rich Text Format (.rtf-Datei) gespeichert. Benennung der Datei entsprechend der Benennung der Videodatei mit dem Zusatz „_Transkript" (also: JahrMonatTag_TRANSKRIPT.rtf).

[Quelle: DRESING, T.& PEHL, T. (2015).: *Praxisbuch Interview, Transkription & Analyse. Anleitungen und Regelsysteme für qualitativ Forschende*. 6. Auflage. Marburg; www.audiotranskription.de/praxisbuch]

C Anleitung zur Durchführung der Studie

Studienbeginn

o ca. eine Stunde vor Beginn vor Ort sein und den Raum vorbereiten:

  o drei Kameras aufbauen und ausrichten
  o Blackbox, Gefäße und Wasser bereitstellen [ein Gefäß mit ca. 405ml Wasser füllen]
  o Tafel säubern und Impuls anbringen
  o Kreide & Schwamm
  o Stuhl für Studienleiter

o kurz vor Eintreffen der Probanden Kameras anstellen

Während der Studie

o kurze Einführung geben:

  o „Ich danke dir für die Bereitschaft, mich heute bei meiner Studie zu unterstützen. Ich werde dir gleich eine sogenannte Blackbox zeigen, deren Verhalten nicht direkt verständlich ist, vielleicht sogar etwas paradox wirkt. Deine Aufgabe wird sein, eine mögliche Erklärung dafür zu finden. Du hast dafür so lange Zeit, wie du haben möchtest. Zunächst bitte ich dich aber darum, diesen Fragebogen zu beantworten.“

  [Fragebogen zu Modellen aushändigen.]

  o „Vielen Dank! Wir gehen gleich zusammen in den Nebenraum. Dort stehen drei Kameras, damit ich mir später evtl. erneut ansehen kann, wie das Ganze abgelaufen ist. Ergänzend bitte ich dich, dieses Aufnahmegerät zu tragen. [Gerät anlegen.] Damit ich später besser verstehe, warum du bestimmte Handlungen ausgeführt hast, bitte ich dich, alle Überlegungen, die dir während der Arbeit mit der Blackbox durch den Kopf gehen, laut auszusprechen. Dabei ist es wichtig, dass du nicht versuchst, zu erklären oder zu strukturieren, was du tust. Stell dir einfach vor, du wärst ganz allein im Raum und sprichst mir dir selbst. Wichtig ist, dass du möglichst immer redest. Wir üben dieses „laute Denken“ gleich noch an drei kleinen Beispielen.“

  o „Ich benutze die Aufnahmen nur für meine Arbeit und werte alles anonymisiert aus. Ich werde im Raum anwesend sein um zu schauen, dass die Technik

läuft und dich ggf. an die Aufgabe zum „lauten Denken" erinnern. Ich stehe aber nicht für sonstige Nachfragen zur Verfügung. Deine Aufgabe ist es, mit
o   Hilfe der bereitgestellten Materialien das Verhalten der Blackbox zu untersuchen und ein Modell des Inneren der Blackbox zu entwickeln und fortlaufend auf einer Tafel zu dokumentieren. Die einzige Einschränkung ist: Du darfst die Blackbox nicht öffnen."

o   „Hast du noch Fragen?"

o   Übungsaufgaben zum lauten Denken:

Aufgabe 1	Aufgabe 2	Aufgabe 3
Zählen Sie, wie viele Fenster in Ihrer Wohnung sind.	Beschreiben Sie den Weg von der Eingangstür dieses Institutsgebäudes bis zur Tür des Raumes, in dem wir uns momentan befinden.	Verbinden Sie die neun Punkte mit vier geraden Linien, ohne dabei den Stift abzusetzen. [Blatt & Stift vorlegen.]

o   gemeinsam den Raum betreten
o   Einführung der Blackbox:

„Hier ist die Blackbox. Du kannst in die Blackbox Wasser schütten und beobachten, was passiert. Ich empfehle, mit dem mehrmaligen eingießen von 400ml zu beginnen, um einen ersten Eindruck der Blackbox zu bekommen."

o   Studienleiter nimmt auf dem vorgesehenen Stuhl Platz
o   bei Sprechpausen von mehr als 10 Sekunden an Aufgabe zum lauten Denken erinnern: „Bitte sprich weiterhin! – Erzähle weiterhin, was du denkst!– Bitte vergiss nicht, deine Gedanken zu äußern!"

Studienende

o   bei den Probanden für die Mitarbeit bedanken
o   Daten auf einem PC sichern und benennen: JahrMonatTag_KAMERA (z.B. 13. Dez. 2013: 20131213_Übersicht, 20131213_Tafel, 20131213_Blackbox) bzw. JahrMonatTag_Abbildung: Quellen auch angeben bei eigenen Darstellungen?

D　Kategoriensystem

Nr.	Kategorie (Tätigkeit)	Subkategorie (Ausprägung)	Ankerbeispiel	Anmerkungen/Codierhinweise
1	**Beobachtung eines Phänomens**	Probanden nehmen Verhalten von BB als spontan nicht erklärbar wahr oder erkennen fehlende Passung zwischen angenommenem Muster der BB und Verhalten von BB	*Was ich nicht verstehe, ist, warum mehr Wasser rausfließen kann, als ich in einem Moment rein gebe. Wie soll das funktionieren? [20151111]*	Tätigkeit bezieht sich auf Äußerungen über Unverständnis sowie Erklärungsansätze außerhalb der Naturwissenschaften (z.B. Mystik, Hexerei etc.); die Äußerungen beziehen sich auf das beobachtbare Verhalten oder Muster des Verhaltens der BB; das Verwerfen von Ideen zum inneren Mechanismus der BB fällt nicht in diese Kategorie (vgl. Kategorie 6)
2	**Exploration des Systems**	Probanden nehmen Eingabe von Input vor und/oder beobachten den Output (explorativ; nicht hypothesengeleitet)	*Wollen wir das jetzt einfach so aufmalen und dann machen wir jetzt nochmal Wasser rein und gucken was passiert?*	Tätigkeit bezieht sich auf die rein explorative Eingabe von Input, ohne erkennbare Erwartung eines bestimmten Outputs sowie die Beobachtung des Outputs.
3		Probanden fassen das beobachtete Verhalten der BB zusammen oder beschreiben es	*Das heißt 700 bleiben drin. Aber da fließt ja eigentlich alles wieder raus, was ich reingekippt habe. Minus 1000 und ja, 1000 waren drin, 1000 fließen raus. Ja nachher ist es auch leer.*	Zusammenfassung oder Beschreibung des Verhaltens der BB; Tätigkeit beinhaltet auch die Äußerung von Vermutungen über Muster der BB; Tätigkeit bezieht sich auf die nachträgliche Zusammenfassung oder Beschreibung des Verhaltens der BB; Verbalisierungen während der Beobachtung des Outputs fallen nicht in diese Kategorie (vgl. Kategorie 2)

Nr.	Kategorie (Tätigkeit)	Subkategorie (Ausprägung)	Ankerbeispiel	Anmerkungen/Codierhinweise
4		Probanden nehmen Eingabe von Input vor und/ oder beobachten den Output (Mustererkennung)	*Das heißt, es ist das Gleiche passiert, wie beim zweiten und beim dritten Durchlauf. Jetzt gebe ich nochmal 400 drauf, dann kommen wieder 400 raus.*	Tätigkeit bezieht sich auf die Eingabe eines bestimmten Inputs mit einer explizit geäußerten oder erkennbaren Erwartung über einen bestimmten Output sowie die Beobachtung des Outputs.
5		Probanden bestätigen/ erkennen Muster	*Das heißt, jetzt ist im Endeffekt DAS hier zweimal passiert. Also DAS ist das erste Mal passiert. DAS ist das zweite und das dritte Mal passiert und DAS ist das vierte Mal passiert.*	Tätigkeit bezieht sich auf das Feststellen eines Musters im beobachtbaren Verhalten der Blackbox; das Muster kann eine Abfolge konkreter Volumina sein oder die Wiedererkennung eines bereits beobachteten Verhaltens der BB
6	**Aktivierung von Analogien und Erfahrungen**	Probanden formulieren Ideen über Mechanismus der BB und/ oder reflektieren Vor- und Nachteile ihrer Ideen und verwerfen ggf. Ideen (ohne Zeichnerische Umsetzung)	Vielleicht, wie bei so einer Regentonne, die oben nochmal einen Ablauf hat, wenn es zu voll wird.	Tätigkeit bezieht sich auf die Formulierung/ das Reflektieren/ das Verwerfen von Ideen zum inneren Mechanismus der BB; Äußerungen mit ausschließlichem Bezug zum beobachtbaren Verhalten oder Muster des Verhaltens der BB fallen nicht in diese Kategorie (vgl. Kategorie 1)

Nr.	Kategorie (Tätigkeit)	Subkategorie (Ausprägung)	Ankerbeispiel	Anmerkungen/Codierhinweise
7	(Weiter-) Entwicklung eines Modells	Probanden entwickeln auf Grundlage von Beobachtung, Analogien und/ oder Erfahrungen zeichnerisch ein Modell der BB	*Es könnte zum Beispiel so rein fließen, gerade in einen Tank. Und oben von dem Tank geht es dann erst wieder ab.*	Probanden entwickeln zeichnerisch ein neues Modell; Tätigkeit kann Korrekturen bzw. Ergänzungen des Modells beinhalten; Tätigkeit beginnt mit der Zuwendung zu Tafel und endet mit dem Lösen von der Tafel
8		Probanden weiterentwickeln Modell zur Optimierung von Funktionsfähigkeit, Ästhetik o.ä. (Modellobjekt)	*Es muss nicht mal unbedingt eine Öffnung sein, vielleicht schwappt es einfach nur über und wird unten mit einem Trichter dann aufgefangen.*	Probanden entwickeln ein bestehendes Modell weiter oder verändern es aufgrund von Mängeln des Modellobjekts an sich; Tätigkeit beginnt mit der Zuwendung zu Tafel und endet mit dem Lösen von der Tafel
9		Probanden weiterentwickeln Modell aufgrund fehlerhafter Übereinstimmungen mit Beobachtungen an BB (retrospektiv)	*Der Erste öffnet sich dann, wenn der Zweite voll ist. Haben wir ja gesehen, bei 800ml Einfluss, sind 400ml wieder rausgekommen Das heißt, der braucht irgendwie unten eine Öffnung.*	Probanden entwickeln ein bestehendes Modell weiter oder verändern es aufgrund von mangelnder Passung mit Beobachtung an BB (retrospektiv); Tätigkeit beginnt mit der Zuwendung zu Tafel und endet mit dem Lösen von der Tafel

Nr.	Kategorie (Tätigkeit)	Subkategorie (Ausprägung)	Ankerbeispiel	Anmerkungen/Codierhinweise
10		Probanden verwerfen Modell aufgrund fehlerhafter Übereinstimmungen mit Beobachtungen an BB (retrospektiv; vgl. Kategorie 12) oder mangelnder Konsistenz des Modellobjekts (vgl. Kategorie 11).		Probanden verwerfen ein entwickeltes Modell vollständig aufgrund von mangelnder Passung mit Beobachtung an BB (retrospektiv); Tätigkeit beginnt mit der Zuwendung zu Tafel und endet mit dem Lösen von der Tafel; Tätigkeit wird durch "[P wischt alles weg]" angezeigt
11	**Prüfung von Konsistenz und Darstellung**	Probanden reflektieren/ überprüfen/ bewerten Konsistenz des Modells (Modellobjekt)	*Aber das Ding ist halt, dass da noch dieser Schlauch dazwischen ist und das würde dann alles weglaufen, das macht halt kein Sinn.*	Tätigkeit bezieht sich auf die Prüfung des Modellobjekts an sich nach der (zeichnerischen) Entwicklung oder der Weiterentwicklung; Tätigkeit wird ohne Veränderung des gezeichneten Modells ausgeführt
12		Probanden vergleichen Eigenschaften des Modells mit Beobachtungen an BB (retrospektiv)	*Also, wenn wir hier den Zulauf haben, dann läuft es hier wieder ab. Und der Tank muss auf jeden Fall 400 ml füllen. Und dann haben wir hier halt ein Gefäß, das 400ml fasst.*	Tätigkeit bezieht sich auf die Prüfung des Modells nach der (zeichnerischen) Entwicklung oder der Weiterentwicklung; Tätigkeit wird ohne Veränderung des gezeichneten Modells ausgeführt

Nr.	Kategorie (Tätigkeit)	Subkategorie (Ausprägung)	Ankerbeispiel	Anmerkungen/Codierhinweise
13	**Feststellung von Konsistenz und Darstellung des Modells**	Probanden stellen Konsistenz und Angemessenheit des Modells fest	*Also wir könnten das Modell, also hier den Grundgedanken erstmal so lassen.*	Tätigkeit bezieht sich auf die Feststellung der Konsistenz (vgl. Kategorie 11) und Darstellung (vgl. Kategorie 12) des Modells
14	**Ableiten von Vorhersage (Hypothese) aus Modell**	Probanden nutzen Modell um Vorhersage über Output bei bestimmtem Input zu treffen	*Nach meiner Theorie dürften, wenn ich 400 Milliliter reingieße, nicht 400 Milliliter rauskommen.*	Tätigkeit bezieht sich auf die Ableitung einer Vermutung / Vorhersage über das Verhalten der BB aus dem Modell; Äußerungen über das Muster der BB, die nicht aus dem Modell abgeleitet werden, fallen nicht in diese Kategorie (vgl. Kategorie 3)
15	**Prüfung der Vorhersage (datenbasiert)**	Probanden nehmen Eingabe von Input vor und beobachten den Output (hypothesengeleitet aus Modell)	*Okay probieren wir mal aus, ob das [Modell] passen kann. Nach meiner Theorie dürften, wenn ich 400 Milliliter reingieße, nicht 400 Milliliter rauskommen. [BBin] (...) [BBin] Es müsste jetzt auf 900 kommen.*	Tätigkeit bezieht sich auf die Überprüfung einer aus dem Modell abgeleiteten Vermutung / Vorhersage (vgl. Kategorie 14) durch Eingabe eines Inputs und Beobachtung des Outputs

Nr.	Kategorie (Tätigkeit)	Subkategorie (Ausprägung)	Ankerbeispiel	Anmerkungen/Codierhinweise
16		Probanden bestätigen Hypothese aus Modell durch Output von BB	*Ich hab zwei Liter rein gekippt. Es sind nicht zwei Liter rausgekommen. Meine Überlegung würde auf jeden Fall passen.*	Tätigkeit bezieht sich auf die Bestätigung einer aus dem Modell abgeleiteten Vermutung / Vorhersage (vgl. Kategorie 14) durch Eingabe eines Inputs und Beobachtung des Outputs (vgl. Kategorie 15)
17		Probanden falsifizieren Hypothese aus Modell durch Output von BB	*Okay jetzt kommt gar nichts mehr raus, das heißt, das [Modell] kann nicht stimmen.*	Tätigkeit bezieht sich auf das Verwerfen einer aus dem Modell abgeleiteten Vermutung / Vorhersage (vgl. Kategorie 14) durch Eingabe eines Inputs und Beobachtung des Outputs (vgl. Kategorie 15)
18	**Ändern / Verwerfen des Modells (datenbasiert)**	Probanden weiterentwickeln Modell aufgrund von falsifizierter Hypothese (datenbasiert)	*Also jetzt müsste ja 800 Milliliter rauskommen, 400 kommen raus. Das kann es nicht sein. Beziehungsweise nur ansatzweise. [Tafel] Aber es kann auch sein, dass nicht nur hier Wasser abläuft, sondern, dass von hier Wasser in ein größeres Auffangbecken auch nochmal Wasser rein fließt. (...) Das würde erklären, warum nach einer gewissen Zeit (...) [Tafel] wenn man das*	Tätigkeit bezieht sich auf die Weiterentwicklung oder Veränderung eines bestehendes Modells aufgrund einer falsifizierten, aus dem Modell abgeleiteten Hypothese (vgl. Kategorie 17); Tätigkeit beginnt mit der Zuwendung zu Tafel und endet mit dem Lösen von der Tafel

Nr.	Kategorie (Tätigkeit)	Subkategorie (Ausprägung)	Ankerbeispiel	Anmerkungen/Codierhinweise
19		Probanden verwerfen Modell aufgrund von falsifizierter Hypothese (datenbasiert)	*Oder was ganz anderes? [...] Es könnten auch theoretisch zwei Behälter drin sein. [...] Ja, ich mach mal unsere Skizze weg.*	Tätigkeit bezieht sich auf das Verwerfen eines bestehendes Modells aufgrund einer falsifizierten, aus dem Modell abgeleiteten Hypothese (vgl. Kategorie 17); Tätigkeit beginnt mit der Zuwendung zu Tafel und endet mit dem Lösen von der Tafel; Tätigkeit wird durch "[P wischt alles weg]" angezeigt